U0353275

国家自然科学基金项目(51604091、51174082)资助
河南省高等学校青年骨干教师项目(2017GGJS153)资助
河南省科技创新团队项目(16IRTSTHN013)资助

负压可控条件下不同类型煤体承压过程瓦斯渗透特征研究

田坤云 著

中国矿业大学出版社

内 容 提 要

本书通过实验研究、理论分析、数值模拟相结合的方法系统地研究了原生结构煤和构造煤两种含瓦斯煤体不同承压路径下的瓦斯渗透规律,为掌握不同开采过程中瓦斯的涌出规律提供了一定依据。同时,高瓦斯矿井的瓦斯抽采是通过对抽放管路和钻孔施加必要的负压来实现的,目前负压值的选取大多数是一些经验数值。本书对不同负压条件下构造煤瓦斯渗透特性也进行了系统的实验研究和现场试验印证,研究结论为瓦斯抽采负压值的确定提供了一定的参考,揭示了抽采负压对煤体瓦斯渗透特性的作用规律。

图书在版编目(CIP)数据

负压可控条件下不同类型煤体承压过程瓦斯渗透特征研究 / 田坤云著.—徐州:中国矿业大学出版社,2019.3

ISBN 978 - 7 - 5646 - 4247 - 1

Ⅰ.①负… Ⅱ.①田… Ⅲ.①瓦斯渗透—研究 Ⅳ.①TD712

中国版本图书馆 CIP 数据核字(2018)第254462号

书　　名	负压可控条件下不同类型煤体承压过程瓦斯渗透特征研究
著　　者	田坤云
责任编辑	杨　洋
出版发行	中国矿业大学出版社有限责任公司
	(江苏省徐州市解放南路　邮编221008)
营销热线	(0516)83884103　83885105
出版服务	(0516)83995789　83884920
网　　址	http://www.cumtp.com　E-mail:cumtpvip@cumtp.com
印　　刷	江苏凤凰数码印务有限公司
开　　本	787×1092　1/16　印张 7.25　字数 200 千字
版次印次	2019 年 3 月第 1 版　2019 年 3 月第 1 次印刷
定　　价	28.00 元

(图书出现印装质量问题,本社负责调换)

前　言

　　瓦斯在煤体中的流动规律是煤矿瓦斯灾害防治领域研究的基础问题,煤体瓦斯渗透率是与瓦斯抽采等工程课题密切相关的重要物理参数。研究含瓦斯煤体渗透性规律对于瓦斯抽放、煤层气开发、煤与瓦斯突出防治等技术的研究具有重要意义。本书采用实验研究、理论分析、数值模拟相结合的方法系统地研究了构造煤和硬煤两种含瓦斯煤体的渗透规律。同时,在生产采掘过程中,瓦斯的抽采是要通过对抽放管路和钻孔施加必要的负压来实现的,目前负压大小的调节大多数是一些经验数值。为揭示抽采负压对煤体瓦斯渗透特性的作用规律,本书也对不同负压条件下构造煤煤体瓦斯渗透特性进行了实验研究。

　　由于构造煤原煤样难以制取,以前的研究者多数使用型煤对构造煤的瓦斯渗透性规律进行研究,但是型煤由于裂隙孔隙结构与原煤有很大的不同,并不能真正揭示构造煤的瓦斯渗透性规律。本书成功制作了构造煤原煤样及硬煤原煤样,并改进了实验装置,实现了负压及温度可控、轴压围压能够稳定的调节的实验条件。通过对两种不同类型煤体原始煤样进行瓦斯渗透性实验,得出了围压、通入瓦斯气体压力及层理结构对煤样的瓦斯渗透性的影响及影响机理,并分析了各个影响因素对两种煤样影响的共性和差异性特征。以浓度99.99%的真实CH_4气体为渗流介质并控制不同的导入气体压力,在围压不变的条件下,分别对两类煤体的多组煤样进行轴向应力加载、卸载实验,研究了轴向应力对不同煤样瓦斯渗透性的影响特征,并分别分析了加载过程各个阶段及卸载过程中不同煤样的瓦斯渗透性变化规律,总结了两类煤体原始煤样在轴向应力加卸载过程中瓦斯渗透性变化的共性和差异性特征。进行了静载荷和变载荷条件下负压作用对构造煤原煤试样瓦斯渗透特性影响实验,得出了负压作用下煤体试样瓦斯渗透率的变化特征，并分别对其作用机理进行了分析和探讨。利用 COMSOL Multiphysics 软件进行了负压条件下煤体瓦斯渗透率的数值模拟，进一步验证了实验结果的正确性。

　　限于作者水平，书中难免有不当和欠妥之处，恳请同行和读者批评指正。

作　者

2018 年 9 月

目　　录

1　绪　　论

1.1　课题的立项依据

1.1.1　立项背景

以煤与瓦斯突出为主的瓦斯灾害一直是严重阻碍煤矿安全生产的不利因素之一。通过瓦斯抽采降低煤层的瓦斯含量和瓦斯压力,是减小甚至消除各种瓦斯灾害潜在威胁的有效措施。同时,国家倡导的煤层气开发利用和温室气体减排策略也对瓦斯抽采提出了更高的技术要求。然而据初步统计,我国本煤层平均瓦斯抽采率却不足 10%,与其他先进国家 30% 的平均抽采率存在着相当大的差距[1]。其主要原因是我国 95% 以上的高瓦斯煤层属于低渗透性煤层,透气性系数只有 $10^{-3}\sim10^{-4}$ mD[2],属难以抽采煤层。

造成煤层低渗透性的最主要原因是其全层或分层中大面积赋存着构造煤,即在历次煤系地质构造变形过程中遭受强烈的挤压、剪切作用而破碎形成的软煤。由于遭受构造应力严重破坏煤体使其甚至呈粉末状,其力学性质较原生结构已经发生了显著的变化[3],基本失去原有的弹塑性特征,在更大程度上表现为完全的塑性变形。同时,其原生结构的层理、割理等裂隙系统几乎被彻底破坏,比表面积大幅度增加。构造煤赋存的区域通常具有较高的瓦斯含量和瓦斯压力,但其瓦斯渗透性却很低,瓦斯抽采难度极大。而且随着采掘深度的增加,构造煤的分布范围呈不断扩大趋势。有效提高构造煤体的瓦斯渗透性,实现松软低透气性煤层瓦斯抽采率的最大化,一直是国内外学者致力研究但尚未解决的科学难题。

煤体渗透性与其承载应力状态密切相关,承载应力增大,渗透性降低,反之渗透性则升高。据此,国内外学者经过长期的研究和探讨,先后提出了保护层开采、水力割缝、水力压裂、密集钻孔、交叉钻孔、松动爆破等多种通过卸压增加煤层渗透性(卸压增透)的方法,并在某些特定的煤层和地质条件下取得了比较显著的应用效果。但鉴于构造煤特殊的孔隙结构和力学特性,瓦斯抽采效果仍远远低于预期目标。其主要原因是:① 对构造煤瓦斯渗透性与所承载应力的动态变化关系尚不明确;② 对构造煤在何种卸压条件(强度、时间等)下瓦斯渗透性达到最大值的必要条件缺乏判断;③ 瓦斯抽采一般通过对煤层钻孔施加负压作用来实现,但目前对抽采负压与煤体瓦斯渗透性的变化关系认识不足。以至于在设置"卸压标准"及抽采时间和抽采负压等参数时具有一定的随意性和盲目性,难以实现最佳的瓦斯抽采效果。因此,本课题组提出开展"构造煤承压过程瓦斯渗透性动态响应机制实验研究"工作,以促使构造煤的"卸压增透"技术措施更有针对性,更具可靠性和实效性,并为提高松软低透气性煤层的瓦斯抽采率探讨新的理论和方法,为减少煤矿瓦斯灾害和加强煤层气开发、利用系统工程提供科学的依据。

1.1.2 国内外研究现状

我国聚煤盆地中,成煤有机物经历的地质年代相当长久,沉积之后,在地层的反复沉降复杂运动过程以及上覆岩层的复杂地质作用下,存在陆相与海相的变化交替期,在地质构造作用等一系列复杂构造的演化下,导致煤盆地赋存状态相当复杂。这些复杂的地质演化过程以及所经受地质时期的长短都会对煤层透气性的高低产生决定性的影响,煤体变形较强烈,原始结构发生破坏,形成的构造煤类型也非常复杂多样。构造煤的内部化学成分以及结构发生了极大变化,其原因是构造煤在形成过程中经历的构造应力作用时间比较漫长,其原生煤岩结构发生了不同程度的改变,如脆裂、破碎、韧性变形、叠加剪切等不同程度的破坏。构造煤无论经过脆性还是韧性变形,其内部分子组织和物理状态变化程度均不同,含气量亦不同。不同类型的构造煤的孔隙结构演化特征存在显著差异,割理发育、相对渗透率高、孔隙容积率较大的构造煤渗透性高,对瓦斯抽采有利,变形较强的构造煤赋存区域对甲烷气体资源的开发不利,是煤矿瓦斯重大安全事故的地质根源之一。构造煤问题不论在构造地质领域还是在煤田地质领域都是十分重要的,备受国内外科学家的关注。通过对构造煤的研究,揭示煤储层的物性特征,对于认识煤层气产生过程、煤与瓦斯突出规律、煤层气排放导致的生态环境变化以及提高煤层透气性都十分重要。

煤是一种多孔介质,包括宏观裂隙和微观孔隙。通常情况下,煤体的渗透性决定瓦斯在煤体中的运移难易程度。影响煤体透气性的因素有很多,国内外学者研究得出了不少有价值的理论成果:

　　① 三轴应力作用下的煤体渗透性与各方向应力呈负指数关系变化;

　　② 温度的升高可以增加瓦斯气体分子的活化能;

　　③ 外加电场可以加快煤体瓦斯的解吸速度;

　　④ 煤基质收缩增大了有效孔隙率;

　　⑤ 原煤与型煤的重复加卸载亦会导致渗透性发生显著变化;

　　⑥ 瓦斯压力以及间隙气压与渗透率的负相关变化特性;

⑦ 低瓦斯压力下所呈现的滑脱效应。

从 20 世纪 60 年代开始,我国很多学者通过实验研究得出了多种提高煤岩透气性以及强化抽采回采煤层瓦斯的措施,如煤层注水、水力割缝、水力压裂、大直径钻孔、网格式密集置孔、交叉钻孔、松动爆破、预裂控制爆破等。这些措施尽管有一定的效果,但却不显著,如何提高低透气性煤层的透气性是一项世界性难题。

1.1.2.1 国内研究现状

影响煤体渗透性的因素复杂繁多。目前,国内学者结合中国煤田的实际情况,通过大量实验已研究发现许多关于煤体渗透率的关键性因素,包括三轴应力加卸载、瓦斯压力和间隙气压、滑脱效应、煤基质收缩与膨胀、吸附和解吸、温度和电场等,无不对含瓦斯煤体的渗透性起着至关重要的作用。

(1)应力、应变对煤体渗透率的影响

煤储层应力是影响煤体渗透率的一大因素,我国学者进行了大量关于应力载荷对煤体渗透性影响的研究工作。胡耀青等[4]在进行受三维载荷条件影响的煤层瓦斯渗透特性的实验时,发现体积应力变大,煤的瓦斯渗透率降低。孙维吉等[5]进行了长时间受载环境下的原煤吸附瓦斯渗透特性的实验研究,得知煤样在长时间应力荷载情况下渗透率的减小与时间呈负相关变化关系。李树刚等[6]进行了软煤样渗透特性实验,从中得知,全应力—应变的自始至终,煤体的渗透率与体积应变关系分为两个阶段,与体积收缩过程呈现二次函数关系,与体积变大过程呈现五次函数关系。胡国忠等[7]对原煤试样进行了瓦斯透气性实验,采集的是突出煤层的煤样,并且透气性较低,发现当煤样的体积应力升高时,其渗透性随之慢慢变小。王登科等[8]研究煤体的渗透规律时得知,对于突出危险性的煤体,应力—应变的自始至终,试样的瓦斯渗透率随着应力的改变近似为 V 形变化。

刘才华等[9]研究了岩体的渗透性与开裂程度的关系,在力的加载下,考虑到岩石孔隙单向渗流通道的发育,力的方向沿侧向施加时,对岩体内部渗流通道的发展有促进作用,可以引入相关的系数,通过侧向力与轴向力的换算,可把加载在侧向的压力转换成沿岩体轴向的拉力;岩体渗透性随着轴向作用力的变大而逐渐衰减;当侧向增压或渗透气体压力升高时,渗透率上升,其渗透率随着体积应力的变化表现为指数走势。王登科等[8]进行了突出危险煤的试验,得出围压加载时煤体渗透率随之下降,而且符合指数变化关系。王振[10]对原煤试样进行了渗透性的测试,得知渗透性随着围压的减小而增大。

尹光志等[11]进行了煤体瓦斯渗流实验,发现对于型煤试件,全应力—应变的整个过程,瓦斯压力和围压设为恒定数值,轴压逐渐加载的过程中,初始阶段渗流量较小,随后又逐渐变大,而在轴压卸载过程中,渗透率呈现上升的变化趋势;煤体试样的渗透流速与围压呈负线性规律,即围压变大,渗透率下降;而且体积应力与应变图像和渗透流速与轴向应变图像相互符合。曹树刚等[12]进行三轴渗透性加载实验,得出型煤与原煤这两类试件的全应力—应变图像均有五个部分,型煤渗透率主要在其变形的前两个时期受影响较大,这说明轴向作用和轴向应变对型煤渗透特性作用效果最强;原煤渗透率在这些阶段都非常敏感,这证明体积应变加之横向应变对原煤的渗透特性作用较强;应力—应变关系与渗流速度—轴向应变图像的吻合度较高。黄启翔等[13]研究发现,应力加载形式有多样,但渗透率随这些应力的加载都减小,围压对煤体渗流特性的作用要强于轴压,煤样的渗透性与各种载荷呈现负相关变化规律。祝捷等[14]得出,煤体变形对渗透率的影响作用非常强,有效应力是研究这两者关系的一个重要参数。

李晓泉等[15]进行了重复加卸载条件下的突出区域所采集的煤样的渗流规律测试,得知在重复加卸载情况下突出煤样会有塑性变形,随着加卸载往复次数增加,煤样渗透性以及弹性模量逐步变小,并且初次加卸载时的减少量最多;卸压时,渗透性随之提高,加压时则反之,并且加卸载过程的渗透率和变形在图像上构成一种回程线,与轴压—应变的回程线一致。随着循环次数的增加,渗透率变量逐渐稳定。孙维吉等发现,煤样经过长时间应力荷载环境,卸载后重新加载,卸载后渗透率会有所提高,但不能恢复至煤体没有任何加载前的渗透率。

(2)瓦斯压力和孔隙气压对煤体渗透率的影响

曹树刚[16]发现瓦斯源气压升高,原煤的瓦斯渗透率提高,变化关系表现为二次函数;在气体压力升高的过程中,煤样的渗流量开始先变小,接着又变多;瓦斯气体压力逐渐升高的过程中,渗透性的改变显现为 V 形走势。黄启翔[17]测试了瓦斯压力的改变对煤体或岩体的体积应力与应变过程的瓦斯渗流特征,通过分析可知,围压不变,瓦斯压力控制在特定数值区间时,提高瓦斯压力,煤体的渗透性会提高。煤岩体可以吸附流通在其中的瓦斯气体,气体压力对围压的束缚有一定的抵消作用,力学吸附和气压的综合影响效果对煤岩体渗透特性的改善有很大的帮助。王振在进行渗透率测试时得知,吸附在煤体中的瓦斯气压加大,原煤的瓦斯渗流量提高,但是煤体的渗透率却减小了。

隆清明等[18]研究了孔隙气压作用下型煤渗透率的试验,得知孔隙气压提高,煤体渗透率随之下降;孔隙气压变大,有效渗流通道减少,压差变大时,煤体渗透率和孔隙气压呈负指数变化规律。袁梅等[19]通过试验得出,当轴压、围压、温度和进出口气体压力差保持不变,间隙气压的提高,渗透率随之减小,且呈指数形式变化;外加载荷、温度和瓦斯间隙压维持不变,进出口瓦斯压力差变大,渗透率随之变小。胡耀青等研究发现,瓦斯在煤样中的渗透率与孔隙气压呈二次函数关系,孔隙气压只要不超过临界值,当孔隙压变大时,渗透率也变大。

(3)滑脱效应和煤基质收缩变形对煤体渗透率的影响

胡国忠等[7]在研究瓦斯渗透性实验时,选用的南桐矿区的渗透性较低的突出煤体的原煤试样,测试发现瓦斯在煤样中的流动状态存在明显的克林伯格效应(滑脱效应),煤体真实意义上的渗透率变小了,克林伯格系数会相应变大,并且符合负幂函数变化规律。孙维吉等研究也得出,瓦斯吸附于煤体中,导致渗透率减小,瓦斯在煤的流通过程中表现出克林伯格效应。王登科等[8]针对突出危险煤体进行了渗透率测试,得出有无滑脱效应存在一定情况,不同煤体表现出滑脱效应的瓦斯气压临界值也不同。

傅雪海等[20]分析了煤基质变化对煤体透气性改变的情况,结果显示,当绝对渗透率变大时,煤体渗透率的增幅也逐渐变大,瓦斯压力降低时,渗透率呈对数函数下降;当有效应力恒定时,通过的气体压力越低,滑脱效应越显著,滑脱效应对渗透率改变程度的影响也较大。付玉等[21]建立了一种新模型,得出煤基质收缩的作用是使渗透率先下降,然后又升高;煤体孔隙、裂隙渗透率增量与储层压力的下降表现为对数函数形式;吸附能力强的气体对煤储层渗透率有很大影响,这种气体含量越多,解吸后煤体的渗透性就变化越大。

(4)吸附与解吸对煤体渗透率的影响

张志刚[22]研究得出,煤对其中流通气体的吸附效应是煤的渗透率改变的主要原因,这导致煤体中的瓦斯渗流过程不是线性规律。气体吸附越多,渗透率就越低,瓦斯气体在煤体中的运移也就越困难,渗透率随煤吸附瓦斯的能力呈现幂函数下降规律。孙维吉等进行了原煤渗流特性的测定,得知原煤吸附瓦斯之后,其渗透能力会下降。祝捷等进行瓦斯渗流实验时得出,有效应力、孔隙率、煤的弹性模量以及气体吸附特性,都会影响煤样的渗透特性。

(5)温度对煤体渗透率的影响

王振在进行原煤试件的渗透性实验时得知,虽然温度对煤的瓦斯渗透率作用效果没有围压和煤体中瓦斯压力的作用强度明显,但也不可忽视其对煤体渗透率的影响。杨新乐和张永利[23]进行了温度变化时瓦斯在煤体中渗透能力的测试,得出在温度不一样时候的渗透率变化特征,如果温度较低,那么卸压初期瓦斯在煤体中的渗透能力会比较强,下降幅度比高温时要大;如果温度较高,那么卸压后期煤体中瓦斯的渗透能力会比较强,上升幅度比低温时也要大。

(6)电场对煤体渗透率的影响

王恩元等[24]对煤体施加了交变电场,发现电场的存在对煤的瓦斯渗透性影响不可忽视,附上电场,瓦斯在煤体中的渗透能力比没有电场时要大,电场频率和场强越大,渗透率越大;外部电场的存在增强了煤中瓦斯气体的热运动效果,分子活性增强,更容易摆脱煤体的吸附,吸附量亦会减少,游离瓦斯也会相应增多,致使煤体骨架收缩,气体渗流通过能力增强。王宏图等[25]在进行煤层甲烷渗流特性的有关实验时,也引入了电场的作用条件,得知当瓦斯气压以均匀数值变化时,如果使电场的电压升高,测得的煤体瓦斯渗流量会变多,基本上表现为线性增加[26]。另外,煤化程度越高,其瓦斯渗透能力对于煤体所处电场的响应越强。

1.1.2.2 国外研究现状

国外学者对煤体瓦斯渗透性的研究不计其数,取得的成果也相当丰硕,为瓦斯抽采提供了客观的资料,具有非常大的利用价值。煤体透气性主要取决于构造应力、煤岩组分、压力、温度以及流通瓦斯浓度[27]。

(1) 应力对煤体渗透率的影响

Zhejun Pan 等[28]在测定煤储层渗透性时得出,煤体渗透性对应力高度敏感,煤储层裂隙的孔隙度和渗透性都受应力变化的影响。Thomas Gentzis 等[29]研究发现,重组煤样与天然原煤的渗透性都受到地应力的影响,且随有效作用力的改变渗透性演变规律相近。J. Q. Shi 和 S. Durucan[30]在对圣胡安盆地弗鲁特兰煤层透气性与储层压力衰竭变化关系的研究中得知,储层压力降低到某一水平时,渗透率随着储层压力的增大呈指数增长趋势,这个临界值通常低于恢复到初始值的压力;储层压力高于渗透率恢复压力时,储层渗透率将保持相对平稳。S. Harpalani 和 Guoliang Chen[31]研究体积应变对煤体渗透率的影响时发现,压力从 6.2 MPa 下降到 0.7 MPa,煤样的总渗透率增加了 17 倍多,这是其受体积应变和气体滑脱效应的影响。此外,当瓦斯压力超过 1.7 MPa 时,由于基质收缩引起的体积应变对渗透率的影响占主导地位。

J. D. St George[32]研究发现,煤体瓦斯的渗透性高度依赖于侧应力。J. Gunther[33]对裂隙性煤体渗透率的研究也发现,裂隙渗透率主要依赖于围压,临界压力为 1.5~2 MPa,渗透率曲线可分为两个阶段,小于临界压力时渗透率缓慢上升,超过临界压力时渗透率则呈指数函数急剧变化。围压的增大导致透气性明显减小[28]。Siriwardane Hema 等[34]研究表明,煤体暴露时间从 1.5 d 到 1 周,围压可降低至原压力值的 10% 以下。在实验室条件下,裂缝煤样渗透率的增加周期约为 2 d;渗透性随着围压的增加显著降低,高围压下,内部裂隙压实,造成透气性降低。R. Guo 等[35]在煤层气生产过程中如何提高煤体透气性的实验中得知,煤炭岩芯的气体渗透性对净围压有很强的依赖性,并具有很强的滞后性。

(2) 气体压力对煤体渗透率的影响

J. D. St George 研究发现,瓦斯压力对渗透性的影响程度在低围压情况下比在高围压情况下大。低应力情况下,随着瓦斯压力的增高,可明显观察到渗透性增加的现象,这是由于瓦斯压力打开了气体流动通道,从而增加了渗透性。在较高应力下,渗透率随着瓦斯压力的升高而降低,这种情况可能是由于吸附膨胀效果减少流通路径。应力较高时,在某一低气压范围内,气压升高,渗透率增大,然后气体压力进一步增加,渗透性却降低。I. Nakajima 等[36]研究表明,在应力的影响下,渗流通道中瓦斯压力对渗透性影响的声发射效果更加明显。渗透率增高,响应于声发射的发生频率更显著,并且频率和振幅分布密切相关。

（3）煤基质变化和滑脱效应对煤体渗透率的影响

Harpalani Satya 等[38]在研究瓦斯放散对煤基质收缩和煤体渗透率的影响时发现，尽管有效应力增大，随着瓦斯压力的降低，煤层甲烷的渗透性却增强。渗透性增加的首要原因是瓦斯解吸引起煤基质收缩，扩大了气流通路；瓦斯压力从 6.9 MPa 下降至大气压的过程中，煤基质收缩的体积为 0.4％。J. D. St George 研究也得出，煤体瓦斯解吸和吸附过程会产生复杂的煤基质收缩和膨胀效果，导致煤体瓦斯的渗流通透性改变。Harpalani Satya 和 Guoliang Chen 研究发现，应力下降，煤样的总渗透率增大，这是其受气体滑脱效应的影响。当气体压力低于 1.7 MPa 时，气体滑脱效应和煤基质收缩对渗透性都起着重要的作用。由于基质收缩引起的渗透率变化与体积应变呈线性关系变化。

（4）吸附和解吸对煤体渗透率的影响

CH_4 和 CO_2 气体的吸附和解吸，很大程度上影响着煤体中微孔和大孔的体积变化，煤体膨胀或收缩导致渗透率波动，制约着煤体中气体的运移。研究者在对煤体注入瓦斯过程考察吸附作用引起的渗透性变化的研究中发现，根据混合气体吸附等温线，煤体表面对某一特定气体的选择性吸附关系是有关气体压力和气体组分的一个函数。R. Guo 等的实验结果表明，CH_4 的渗透率比 He 的渗透率小，是由于甲烷对煤体具有吸附作用从而达到膨胀效果。J. Mavor Matthew 和 D. Gunter William[39]研究发现，不同气体的相对吸附性能也会引起煤基质的收缩或膨胀，导致渗透性变化。

（5）气体组分对煤体渗透率的影响

J. Mavor Matthew 和 D. Gunter William 在研究气体组分和压力对煤体次生裂隙和渗透性影响的实验中发现，改变吸附到煤体中吸附气体的组分，会因气体含量的变化而改变原生煤体的孔隙率和渗透性。渗透性变化与注入气体组分有关，注入气体中 CO_2 浓度增加时，煤的透气性降低。在所有的测试气体中，纯 CO_2 所导致的渗透率降低最为明显。然而，物质的量占 $10\%\sim20\%$ 的 N_2 对渗透率的保持有重要的作用。

（6）煤岩结构对煤体渗透率的影响

Yu Wu 等[40]在研究煤体裂隙异构性对渗透率演变的作用时证实，即便煤样的有效应力保持恒定，煤储层渗透率也会降低；煤炭膨胀的异构性取决于煤的孔裂隙（隔理）延展方向、基质（溶胀性组分）膨胀、裂隙（非溶胀性组分）压实等情况。Wagner 通过研究深部地层不同煤体渗透性时发现，结构致密的烟煤，随温度升高，煤炭地下气化越有利，常见的工业焦炭与天然焦的结构不同，所以抗压强度有所不同，透气性亦不同。

1.1.3　存在的问题

综上所述，国内外学者通过大量卓越的研究工作已经认识到：煤（样）的瓦斯渗透性不仅与其承载应力的大小密切相关,而且随着不同的加卸载过程呈现动态的不连续变化特征;揭示了瓦斯渗透率受煤体应力—应变场等多种因素影响的定性、定量变化规律。然而,适合构造软煤特殊力学性质和孔隙特征的"卸压增透"技术仍是当前严重制约实现瓦斯高效抽采的"瓶颈",同时也是有效实施煤矿瓦斯灾害防治、大力开展煤层气开发急需解决的世界性难题。

根据既有研究成果,煤的瓦斯渗透性对应力极具敏感性,随着煤体在应力加载过程中呈现的线弹性、弹塑性、峰值破坏、卸压膨胀等特点,渗透性也先后经历减小、升高、急剧升高至峰值、缓慢下降的特征;且渗透性峰值较应力峰值有一定的迟滞现象。但是,构造煤受形成机制和过程的影响,其力学性质、孔隙特征及吸附(解吸)能力与原生结构煤体具有极大的差异性。在以往研究工作中,针对构造煤($f<0.5$)承压过程,特别是卸压过程中瓦斯渗透性动态变化规律的相关文献尚不多见,而这一特性正是实施构造煤体卸压增透的关键。存在的问题具体表现在以下几个方面:

(1)构造煤先期遭到强构造应力的严重破坏,已经极度松软、破碎甚至呈粉末状。在应力加载过程中是否会经历弹塑性阶段并出现应力破坏峰值;其瓦斯渗透性对应力的响应特征与以往研究成果中非构造煤反映的规律有无差异,尚不明确。

(2)构造煤在应力卸载过程中其渗透性的变化特征,对"卸压增透"的理论研究和技术实施具有直接的指导意义。但目前针对构造煤特别是严重破碎构造煤卸压过程中瓦斯渗透性的变化规律缺乏研究。

(3)现场实施煤层瓦斯抽采的基本原理是通过钻孔负压条件促使原始煤体局部卸压来促进瓦斯解吸和释放。以往的模型实验仅创造了煤体不同截面上的轴压(静压)差条件,来观察气体通过自然扩散作用反映的渗流特征,不太符合抽采钻孔受垂直应力、水平应力和抽采负压同时作用下的实际煤体条件。因此,研究结论仅对实施煤层浅孔瓦斯排放具有一定的指导价值,而对有效指导瓦斯抽采具有较大的局限性。

(4)目前"卸压增透"技术虽然已经得到学术界广泛的认同并被推广应用,但在确定卸压程度、卸压时间、抽采负压时具有极大的随意性和盲目性。究其原因,在于没有建立构造煤卸压过程瓦斯渗透性动态变化数值模型,缺乏获取实现瓦斯渗透率最大化综合条件的有效方法。

1.1.4 创新思路与研究意义

本书以反映煤体裂隙特征和力学性质的有效孔隙率和坚固性系数为综合指标,提出构造煤的定量分类方法。针对不同分类的构造煤条件,通过实验室"应力—瓦斯渗透性"模型实验,模拟动态采场煤体原始应力带→应力集中带→应力升高带→卸压带的转变条件,重点研究构造煤在有负压和无负压作用下应力卸载过程中瓦斯渗透性动态响应机制和特征,通过与采场实测数据的验证和优化,主要获取不同分类构造煤体在应力卸载过程中瓦斯渗透率分别与承载应力、时间和负压之间的定量关系和综合数值方程。

研究成果可望为构造煤的合理化分类提供参考;为设定比较合理的应力、负压、时间等综合条件,取得构造煤"卸压增透"最佳效果提供判据,为实现构造煤瓦斯抽采率的最大化提供依据,并将促进和完善低渗透率煤层的瓦斯抽采理论和方法体系。

1.2　本书的研究内容、研究目标以及拟解决的关键科学问题

1.2.1　研究内容

根据国家《防治煤与瓦斯突出规定》及《煤与瓦斯突出矿井鉴定规范》(AQ 1024—2006),将坚固性系数 $f<0.5$ 的煤认定为构造煤(软煤),具有瓦斯突出危险性特征。因此,本课题拟选定构造煤($f<0.5$)作为研究对象,主要研究内容如下:

(1) 以煤的坚固性系数(f 值)和有效孔隙率为综合指标,探讨基于瓦斯抽采的构造煤定量分类方法。

(2) 在应力加卸载的全过程中,不同类型构造煤的变形与破坏机制及其与非构造煤的差异性。

(3) 在应力卸载过程中,不同类型构造煤的瓦斯渗透性变化特征。

(4) 抽采负压作用下的应力卸载过程中不同类型构造煤瓦斯渗透性动态变化规律和作用机理。

(5) 针对不同类型构造煤的卸压过程,研究三轴应力、抽采负压、卸压时间与构造煤瓦斯渗透率定量变化关系的数值模型。

1.2.2　研究目标

(1) 建立基于"卸压增透"和瓦斯抽采的构造煤定量分类方法。

(2) 揭示抽采负压作用下的应力卸载过程中构造煤的变形、破坏规律及其瓦斯渗透性的动态变化特征和机理。

(3) 创建并优化构造煤的应力卸载过程瓦斯渗透性动态数值模型。

1.2.3　拟解决的关键科学问题

(1) 构造煤分类综合指标坚固性系数和有效孔隙率与瓦斯渗透性定量关系的变化机制。

（2）应力加卸载全过程中不同类型构造煤变形、破坏规律、峰值特征（若有的话）及其与非构造煤的差异性。

（3）应力卸载过程中，构造煤瓦斯渗透率随应力、时间的定量变化关系。

（4）应力卸载过程中，抽采负压变化对构造煤瓦斯渗透率的影响机制。

（5）基于固、气耦合条件下承载应力、抽采负压共同作用下的构造煤瓦斯渗透率动态数值模型。

1.3 拟采取的研究方案及可行性分析

1.3.1 研究方案

本课题组通过广泛调研，拟选取不少于 5 个赋存大范围构造煤的矿区为研究基地，采集具有代表性的构造煤（$f<0.5$）煤样作为实验对象。研究方案如图 1-1 所示。

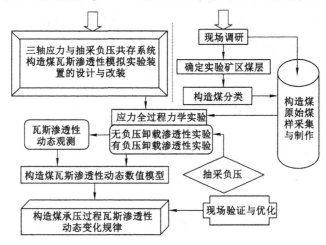

图 1-1 课题总体研究方案

具体实施方法和步骤如下：

（1）设计、改装三轴应力与抽采负压共存系统构造煤瓦斯渗透性模拟实验装置（简称实验装置）。该实验模型以 CH_4 气体为渗流介质；可以对实验煤样施加不同的轴压和围压；可以定量观测渗流气体沿轴向的流量变化；可以对煤样的渗流气体流出面施加不同的抽采负压。该实验模型的工作原理图如图 1-2 所示。

（2）以反映煤体裂隙特征和力学性质的有效孔隙率和坚固性系数为综合指标，通过分析、探讨构造煤力学强度和有效孔隙率与其原始瓦斯渗透率的综合数值关系，对应于不同的瓦斯渗透率变化范围（数量级），提出构造煤的定量分类方法。

（3）开发、制作实验装置的配套设备——构造煤原始煤样采集、制样装置。该设备

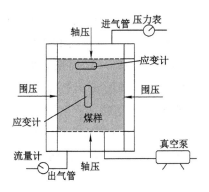

图 1-2 实验装置工作原理示意图

可以从煤体采集并制取构造煤原始状态实验煤样,从而使实验煤样较以前研究方法中制作的"型煤"样更加符合实际煤体的赋存条件。

(4)通过实验装置对多组构造煤煤样连续施加不同的轴压和围压,直至与该煤样在采场原始赋存状态下的承载应力条件相同停止。然后逐步减小承载压力直至完全卸压。全程观测、分析煤样的变形与破坏机制。分析、总结瓦斯渗透性对煤体应力、应变的动态响应及峰值特征。

(5)通过实验装置,对多组构造煤煤样的渗流气体流出面施加不同的抽采负压,研究应力卸载过程中构造煤瓦斯渗透性动态变化规律。

(6)针对多组不同类型构造煤(用 f 值和有效孔隙率综合判定)的卸压过程进行模型实验,采集渗流流量等实测数据通过达西定律(Darcy's law)计算煤样的渗透率;依据固、气耦合理论,通过数值模拟、验证优化等手段创建以三轴应力(轴向压力和围压)、抽采负压及时间为参数的构造煤瓦斯渗透率动态数值模型。

(7)在采集原始煤样的煤层采、掘工作面设置本煤层瓦斯抽采系统和施工抽采钻孔。实施保护层开采、煤体压裂、水力冲孔等卸压措施。测试和记录卸压前后全过程中煤体应力、渗透率变化值和时间,调整抽采负压的大小。将实测数据与应用创建的构造煤瓦斯渗透性动态数值模型计算的结果进行比对和验证,对存在的误差实施修正和优化。

1.3.2 可行性分析

(1)本课题提出采用有效孔隙率和坚固性系数对松软构造破坏煤体进行分类。有效孔隙率可基本反映煤体的内部结构及其通过渗流介质的能力。而坚固性系数则体现了煤体的物理力学特性,针对本课题的研究内容和目标,利用以上两项指标进行分类具有一定的合理性。目前,通过全自动压汞仪或全自动容量法孔隙率测定仪和煤的坚固性系数测定装置进行测试分析均简单且可行。

(2)设计改装三轴应力与抽采负压共存系统构造煤瓦斯渗透性模拟实验装置,是本课题组开展核心内容研究的关键。可以利用实验室现有的自压式三轴渗透仪与MTS815型力学试验机相配合进行适当改装进行相关的力学和渗透性实验；同时，应用CH_4作为实验渗流介质与实际采场的煤体—瓦斯系统更加吻合，但需要装备必要的气体浓度监测报警装置，消除实验过程中的安全隐患。

（3）作者对构造煤的力学特性比较了解，并在采集该类煤体原始煤样的工艺和方法方面做过很多的探讨和尝试，积累了一定的经验，对开发、制作构造煤原始煤样采集、制样配套设备已经形成了初步的设计方案。长期从事煤矿瓦斯地质及瓦斯灾害预测防治领域的现场和实验室研究工作，对以上实验仪器和设备的安全使用具有比较丰富的经验；并能够比较熟悉地利用 ANSYS 和 FLAC 等数值分析软件进行岩体力学、渗流特征的分析和建模；作者与河南平煤、义煤、郑煤、安徽淮北、河北冀中能源等多家大型矿业集团在瓦斯灾害预测、防治技术领域建立了长期、稳定的合作关系，课题研究中极松软煤体及其赋存地质条件的广泛选取及井下实验场所的确定具有切实的保障。

1.4　本课题的特色与创新之处

1.4.1　课题特色

（1）新颖性

构造煤的内部孔隙结构及其力学性质与非构造煤具有很大的差异性。本课题从瓦斯抽采的角度出发，提出比较合理的构造煤定量分类方法；揭示构造煤应力承载（加压—卸压）过程中的变形和破坏机理；结合现场实际条件引入抽采负压参数，创建应力卸载过程构造煤瓦斯渗透率动态数值模型。

（2）必要性

由于煤体瓦斯渗透性对应力变化非常敏感，通过对煤体实施有效的"卸压增透"技术措施，可以显著地提高其瓦斯抽采率。近年来，构造煤的分布范围不断扩大，正日趋成为煤矿瓦斯灾害治理和煤层气开发的重点对象。但由于构造煤承载过程特别是卸载过程中瓦斯渗透性的动态变化特征和机理不太明确，在把握"卸压增透"的程度和设定适当的抽采负压、卸压时间等参数时无据可依，极大制约了该项技术措施的执行效果。

（3）实用性

通过对构造煤的定量分类，明确构造煤应力承载过程中的变形和破坏机理，创建应力卸载过程瓦斯渗透率动态数值模型，可以指导获取实现"卸压增透"最佳效果和瓦斯抽采率最大化的应力、抽采负压和时间等参数综合条件。为进一步探讨提高松软构造煤体瓦斯渗透性和本煤层瓦斯抽采率的有效工艺提供依据，促进和完善低渗透性煤层的瓦斯抽采理论和方法体系。

1.4.2 创新之处

（1）提出基于瓦斯抽采的构造煤定量分类方法。

（2）揭示构造煤应力承载（特别是卸载）过程中的变形和破坏机理。

（3）以承载应力、抽采负压和时间为主要设定参数，创建应力卸载过程构造煤瓦斯渗透率动态数值模型。

2 目标矿区确定及原煤煤样制作

2.1 煤体的结构类型

煤层在地质历史变迁以及演化等过程中会经受各种各样的地质构造作用,经过地质构造作用的煤体所表现出的样式各异的结构特征称之为煤体结构。经过一系列的形变以及变质,煤体在结构类型上可以分为原生结构煤和构造煤。原生结构煤指的是煤体保存了原有的沉积结构和构造特征,原生结构煤的内部煤岩成分、结构、构造、内部裂隙清晰可见;构造煤指的是煤层在构造应力拉张、挤压以及扭曲等构造作用下,其成分、构造以及结构发生了较大的变化,煤层被构造应力破坏。因此构造煤是粉化、变厚、变薄等变形作用以及煤体降解等变质作用的结果。

可根据构造煤的宏观结构将其分为碎裂结构、碎粒结构、粉粒结构和糜棱结构,那么其相应的构造煤命名便依次为碎裂煤、碎粒煤、粉粒煤、糜棱煤[43]。不同煤体结构类型煤的宏观、微观特征分别见表 2-1、表 2-2。19 世纪 20 年代开始,国外的专家和学者便开始了对煤体结构的研究。20 世纪 80 年代,焦作矿业学院(现河南理工大学)瓦斯地质研究课题组最早强调构造煤的研究重要性[44],至 90 年代构造煤的研究已逐渐发展成为瓦斯地质学科的核心内容之一[45]。

含煤岩系的各种岩性中结构强度最小的是煤层强度,因此在各种构造运动过程中与其他岩体相比较煤体更容易遭到破坏。在地质构造对煤体破坏使其发生变形的过程中,煤体的物理化学结构、力学及光学性质等都会发生很大的变化,其表现便是在结构特征上与原生结构煤存在较大的差异[46-48]。

在原生结构煤和碎裂煤中,割理或构造裂隙系统得以较好地保存,孔隙开放,煤层气扩散、渗流系统较为通畅,渗透率相对较高。在碎粒煤和糜棱煤中,割理已不复存在,构造裂隙虽然极其发育但是连通性较差,孔隙封闭,煤层气扩散、渗流通道极其不通畅,渗透率低,煤层的透气性随着煤的破坏程度增加而降低[49]。因此,对瓦斯抽采而言,碎粒煤和糜棱煤发育是不利因素。

表 2-1　　　　　　　　　　　　　　煤体结构类型的四类划分

类型号	类型	赋存状态和分层特点	光泽和层理	煤体破碎程度	裂隙、揉皱发育程度	手试强度
Ⅰ	原生结构煤	层状,似层状,与上下分层整合接触	煤岩类型界限清晰,原生条带状结构明显	呈现较大的保持棱角的块体,块体间无相对位移	内、外生裂隙均可辨认,未见揉皱镜面	捏不动或呈厘米级碎块
Ⅱ	碎裂煤	层状、似层状、透镜状,与上下分层整合接触	煤岩类型界限清晰,原生条带状结构断续可见	呈现棱角状块体,但块体间已有相对位移	煤体被多组互相交切的裂隙切割,未见揉皱镜面	可捻搓成厘米、毫米级碎粒
Ⅲ	碎粒煤	透镜状、团块状,与上下分层呈构造不整合接触	光泽暗淡,原生结构遭到破坏	煤被揉搓捻碎,主要粒级在 1 mm 以上	构造镜面发育	易捻搓成毫米级碎粒或煤粉
Ⅳ	糜棱煤	透镜状、团块状,与上下分层呈构造不整合接触	光泽暗淡,原生结构遭到破坏	煤被揉搓捻碎更细小,主要粒级在 1 mm 以下	构造、揉皱镜面发育	极易捻搓成粉末或粉尘

表 2-2　　　　　　　　　　　　　　不同煤体结构微观特征表

内容	原生煤	碎裂煤	碎粒煤	糜棱煤
比表面积	小━━━━━━━━━━━━━━━━━━━━━━→大			
孔道	峰━━━━━━━━━━━━━━━━→双众数			
孔容	小━━━━━━━━━━━━━━━━━━━━━→大			
单位吸附量	小━━━━━━━━━━━━━━━━━━━━━→大			
孔隙类型	开放型━━━━━━━━━━━━━━→封闭型			
煤岩组分	形态完整━━━━━━━━━━━━━→显微角砾			
结构	均匀状━━━━━━━━━━━━━━→网络状			
构造裂隙	无━━━━━━━━━━━━━━━━━→发育			

2.2　目标矿区和煤层的确定

本实验研究采用的煤样分别来自郑州矿区的国投新登郑州煤业有限公司(简称新登煤业)、郑州煤炭工业(集团)有限责任公司超化煤矿(简称超化煤矿)、河南大有煤业有限公司新安煤矿及山西沁水煤田南端晋城矿区的山西亚美大宁能源有限公司(简称大宁煤矿)。

郑州矿区主要开采的煤层为二$_1$煤。其中,新登煤业浅部 32 采区的二$_1$煤埋藏深度较大,在成煤过程中受地质构造的破坏较为严重,煤质破碎,多为Ⅲ类碎裂煤;相同矿区的超化煤矿的二$_1$煤埋藏深度也较大,在成煤过程中受到过较严重的地区构造破坏,煤质较软,可看作Ⅱ类碎裂煤(以下简称软煤);新安煤矿处于河南西部矿区,该矿区"三软"煤层分布较广,所采集的煤样煤质破坏较严重,可初步判断为Ⅱ类碎裂煤甚至Ⅳ类糜棱煤。二$_1$煤层的软煤样可分别在这 3 个矿井采集。

沁水煤田晋城矿区的主采煤层为 3$^#$煤。大宁煤矿 3$^#$煤层埋藏深度较浅,成煤过程中煤体没有受到过较大的地质构造作用。一般而言,煤质相对较硬,为原生结构煤,但是在局部地区煤巷掘进工作面(巷道沿着煤层底板掘进)的下部发育有 20~60 mm厚的软煤,该软煤煤质相对较软,甚至出现手捏成碎粉末状,为Ⅲ类破裂煤甚至Ⅱ碎裂煤。因此,3$^#$煤层的软煤的原煤样可在大宁煤矿软分层采集。

2.2.1　采样矿井概况

(1)国投新登郑州煤业有限公司

新登煤业位于登封市东南 24 km,行政区划属登封市告成镇。矿区南北长 1.3~4.4 km,东西宽 0.2~3.0 km。

新登煤业设计生产能力为 60 万 t/a,1995 年始达 60 万 t 的生产能力。2007 年经原河南省煤炭工业局核定矿井生产能力为 84 万 t/a,当前实际生产能力为 84 万 t/a。

开采煤层为二叠系山西组二$_1$煤层。目前,新登公司一水平(+155 m)已结束,现主要开采+90 m 水平,上下山开采,开采范围为 31 采区、22 采区和 25 采区。矿井采用斜井多水平上下山开拓方式,水平布置方式沿走向布置开拓巷道(运输机巷和轨道巷);采煤方法为走向长臂、恒底后退式,一次采全高;通风方式为中央边界式,采用全部垮落法对顶板管理;井下运输以胶带运输机为主,辅以轨道运输。

矿井采用中央边界抽出式通风方式,主井、副井进风,风井回风。现安装 2 台同型号、同等能力的山西省运城安瑞节能风机有限公司生产的防爆抽出轴流式通风机,风机型号为 BDK60-6-No.18,一备一用,配套电机型号为 YBFe315L$_2$-4,额定功率为160 kW,风量为 1 800~4 200 m³/min,风压 900~4 200 Pa,能够满足安全生产要求,全矿井正常通风负压 2 200 Pa,等积孔为 1.6 m²,属中等阻力矿井。掘进工作面使用11 kW、15 kW、30 kW 对旋风机的局部通风机,设专人管理,采用压入式通风方法,均能实现双风机双电源供电,自动倒台装置灵敏可靠,安装有风电、瓦斯电闭锁。

目前矿井总进风 3 740 m³/min,总回风 4 010 m³/min,进风从副井和主井到+155 m 水平分支到暗主井、暗副井和+155 m 大巷到+90 m 水平,再分别进入+90 m 北翼采区、南翼采区和+90 m 水平下山采区。北翼采区回风和+90 m 水平下山回风都回到+90 m 回风大巷进入风井,南翼采区回风从南翼回风大巷直接回到风井。

（2）郑煤超化煤矿

超化煤矿位于河南省新密煤田南部、平陌—超化矿区东部，行政区划属河南省新密市超化镇申沟村。矿井瓦斯等级为煤与瓦斯突出，该矿的相对瓦斯涌出量为 3.95 m³/t，绝对瓦斯涌出量为 14.41 m³/min。根据瓦斯地质资料显示，矿井最大瓦斯含量为 14.37 m³/t，最高瓦斯压力为 2.46 MPa。2009 年经重庆分院鉴定，矿井一水平煤尘爆炸指数为 17.58%，二水平煤尘爆炸指数为 17.32%，煤尘具有爆炸危险性。煤层自燃倾向性等级为Ⅲ类，属不易自燃煤层。

矿井通风方式采用对角式通风，通风方法为抽出式，由副井进风，东风井、31 风井回风。东风井装备有 2 台主要通风机（型号：G4-73-11No.22D 离心式），一用一备，担负 21、23 采区的通风任务；31 风井装备有 2 台主要通风机（型号为 BDK65-8-No.28 型轴流式），一用一备，担负 22、31 采区的通风任务，各风井风机均由双回路供电。目前，东风井排风量为 5 196 m³/min，负压为 1 928 Pa，等积孔为 2.25 m²；31 风井排风量为 4 786 m³/min，负压为 1 916 Pa，等积孔为 2.09 m²，矿井总等积孔为 4.34 m²，属通风容易矿井。

矿井采煤工作面采用 U 形全负压通风，掘进工作面采用压入式通风方法。各采区实行分区通风且通风系统完整独立；各采区主要布置有胶带、轨道进风巷和专用回风巷，并能贯穿整个采区。所有采掘工作面回风均能引入专用回风大巷，分别经 31 风井和东风井排出地面。

通风设施按突出矿井标准构筑，采用砖、水泥、砂砌筑，墙体厚度均不小于 800 mm。风门门框采用 14 号槽钢，门板采用 8 mm 厚的钢板，和墙体接触的左右两侧只有 3 个同规格加强装置砌入墙体内，设施牢固可靠。局部通风机全部采用压入式，掘进工作面局部通风机全部实现"双风机、双电源、三专两闭锁、自动倒台"。风筒分 ϕ600 mm、ϕ800 mm 两种，为双抗软质风筒，风筒具有"MA"标志，且阻燃抗静电。

（3）新安煤矿

新安煤矿位于洛阳市新安县城以北 15 km，为石寺、北冶、正村及仓头 4 个乡管辖。地理坐标为东经 112°02′30″~112°14′00″、北纬 34°45′00″~34°54′30″。井田边界东以 F_{29} 及 F_2 断层为界，西以第三勘探线为界，浅部以二₁煤层底板＋150 m 等高线为界，深部以二₁煤层底板－200 m 等高线为界。走向长 15.5 km，倾向宽 3.5 km，面积约 54 km²。

新安煤矿，井田走向长 15.5 km，倾向宽 3.5 km，面积 50.3 km²。1988 年建成投产，设计年生产能力 150 万 t，矿井采用双水平上下山开拓布置，一水平标高＋150~－50 m，二水平－50~－200 m，井口标高＋305 m，目前主要开采一水平。采煤工艺主要是炮采和综采，采煤方法为走向长壁后退式，全部垮落式管理顶板。新安煤矿通风方式为中央并列与区域混合式。

本井田含煤地层有太原组、山西组、下石盒子组及上石盒子组,属多煤组多煤层地区。含煤地层总厚约 576 m,共含煤 6 组,计 28 层煤。煤层总厚 7.30 m,含煤系数 1.27%,全井田仅二$_1$煤层大部分可采,其他煤层均属不可采或偶尔可采。二$_1$煤层厚度 0~18.88 m,可采煤层总厚 4.22 m,可采含煤系数 0.73%。位于山西组下部,为不稳定煤层。煤层结构较简单,局部含夹矸 1~2 层,单层厚度为 0.04~0.70 m,岩性为砂质泥岩、泥岩或炭质泥岩。由于井田内地层倾角平缓,构造简单,并以封闭式断裂为主,煤层较厚,且变质程度较高,瓦斯赋存条件较好,因此瓦斯含量较大。

二$_1$煤层位于煤组底部,大占砂岩为其直接顶板。二$_1$煤煤岩成分多以亮煤为主,暗煤次之,其中夹微量丝炭和少许镜煤条带。平均容重 1.39 t/m³,比重为 1.5,孔隙度为 7%~12%。煤层结构简单,机械强度极低,粉状,易污手。经燃烧实验属较易燃。局部见有少量硫化物,呈结核状及浸染状分布,煤层下部煤质一般,较劣。

二$_1$煤层煤种属贫煤,比重 1.5,容重 1.39 t/m³;孔隙度为 7%~12%;多呈参差状断口,结构简单,组织疏松,机械强度极低,呈粉状;经原煤机械性能测定结果:静止角为 27°,摩擦角 35.7°,散煤容重 0.954 t/m³;二$_1$煤层原煤灰分平均产率为 20.01%,属中灰煤;二$_1$煤层水分为 0.58%,可燃体挥发分为 15.52%,爆炸指数为 15.53%~16.82%,有煤尘爆炸危险性。根据 2004 年 7 月煤炭科学研究总院重庆分院对新安矿进行的煤炭自燃倾向性鉴定结果,为不易自燃,自然发火期为 6 个月。

(4) 山西亚美大宁能源有限公司

大宁一号井位于山西省晋城市阳城县境内,工业场地在阳城县北约 16 km 处,井田东西长 5~12 km,南北宽 4~6 km,面积 38.829 3 km²。

矿井采用单一水平对 3 号煤层进行开采,水平标高在 +485 m 左右,全矿共包括 5 个采区。目前,一采区已经基本采完,正在掘进二采区的原设计巷道。矿井的采煤方法为盘区、长壁后退式综采,一次性采全高,使用全部垮落法管理顶板。

目前矿井通风方式为分区式,主要通风机型号为 BDK-10-No.40,矿井的总回风量最大可达到 26 974 m³/min。根据 2012 年山西煤矿设备检测中心瓦斯等级鉴定结果,矿井瓦斯涌出中绝对量高达 350.15 m³/min(矿井抽采量较大,其中抽放量为 263.89 m³/min),相对量为 47.76 m³/t,属于高瓦斯矿井。

2.2.2 目标矿区煤层基本参数测试分析

2.2.2.1 煤破坏类型现场观测

新登煤业、超化煤矿、新安煤样均采于二$_1$煤层,根据采样现场实地观测,3 个煤矿的二$_1$煤层构造煤普遍发育,二$_1$煤节理面有节理不清,呈黏块状,小片状构造,细小碎块,层理较紊乱无次序,硬度低,用手极易剥成小块中等硬度或者用手能捻之成粉末。煤的破坏类型一般达到 Ⅱ~Ⅳ 类,个别地区达到 Ⅴ 类,为典型的豫西地区"三软"不稳定突出煤层;大宁煤矿的煤样来源于 3 号煤层,3 号煤层普遍上部坚硬下部较松软;在煤层的中上部,煤体光泽度高,一般较明亮,并且呈现不规则块状,节理以及次生节理普遍较发育,煤体层理十分清晰,块度断口呈现参差多角形状,煤质相对坚硬并且难以用手掰开,应属于Ⅰ类、Ⅱ类破坏煤。大部分情况下,煤层下部赋存有一层软煤(构造),厚度在 0.2~0.8 m 之间,局部地带(特别是地质构造带附近)厚度能达到 1.0~1.5 m 之上,这些区域的构造煤呈粒状,甚至局部地区呈土块状,捻之易成粉煤状,多数属于Ⅲ类破坏煤,个别属于Ⅳ类破坏煤。煤的破坏类型分类见表 2-3。

表 2-3 煤的破坏类型分类表

破坏类型	光泽	构造与特征	节理性质	节里面性质	断口性质	强度
Ⅰ类 (非破坏煤)	亮与半亮	层状构造,块状构造,条带清晰明显	1组或2、3组节理,节理系统发达,有次序	有充填物,次生面少,节理、劈理面平整	差阶状、贝壳状、波浪状	坚硬,用手难以掰开
Ⅱ类 (破坏煤)	亮与半亮	① 尚未失去层状,较有次序; ② 条带明显有时扭曲,有错动; ③ 不规则块状,多棱角; ④ 有挤压特征	次生节理面多且不规则,与原生节理呈网状节理	节理面有擦纹、滑皮,节理平整,易掰开	参差多角	用手极易剥成小块中等硬度
Ⅲ类 (强烈破坏)	半亮与半暗	① 弯曲呈透镜体构造; ② 小片状构造; ③ 细小碎块,层理较紊乱无次序	节理不清,系统不发达,次生节理密度大	有大量的擦痕	参差及粒状	用手捻之成粉末,硬度低
Ⅳ类 (粉碎煤)	暗淡	粒状或小颗粒胶结而成形似天然煤团	节理失去意义,呈黏块状		粒状	用手捻之成粉末,偶尔较硬
Ⅴ类 (全粉煤)	暗淡	① 土状构造似土质煤; ② 如断层泥状			土状	可捻成粉末,疏松

2.2.2.2 煤样基础参数实验

从上述 4 对目标矿井采集实验所需的煤样(图 2-1 至图 2-4)并对煤样的基础参数进行测试,实验测试参数主要有:煤的普氏系数(f 值)、瓦斯放散初速度(ΔP)、真密度(TRD,g/cm³)、视密度(ARD,g/cm³)以及孔隙率(K_1,%)。测试工作在河南工程学院煤矿灾害预防与控制实验室进行,测试结果如表 2-4 所示。

图 2-1　新登煤业煤样

图 2-2　超化煤矿煤样

图 2-3　新安煤矿煤样

图 2-4 大宁煤矿软分层煤样

表 2-4 不同矿区煤样基本参数

煤样来源	普氏系数 f	煤的破坏类型	瓦斯放散初速度 ΔP/mmHg	真密度 TRD /(g/cm³)	视密度 ARD /(g/cm³)	孔隙率 K_1/%
新登煤业 二₁煤	0.38	Ⅲ类	18	1.541 1	1.358 7	13.424 6
	0.34		17.5	1.494 7	1.327 5	12.595 1
	0.42		20.2	1.546 8	1.341 1	15.338 2
	0.36		18.3	1.545 2	1.348 7	14.5696
超化煤矿 二₁煤	0.31	Ⅲ、Ⅳ类	28	1.566 9	1.502 8	4.265 4
	0.38		31	1.566 6	1.468 9	6.651 2
	0.41		27	1.556 8	1.447 8	7.527 9
	0.35		32	1.575 4	1.495 8	5.321 6
新安煤矿 二₁煤	0.15	Ⅳ、Ⅴ类	25.8	1.596 8	1.442 5	10.696 7
	0.19		6.3	1.648 7	1.478 8	11.489 0
	0.12		27.2	1.671 8	1.534 2	8.968 8
	0.17		27.4	1.668 9	1.512 2	10.362 4
大宁煤矿 3 号 煤软分层	0.35	Ⅲ、Ⅳ类	27	1.543 2	1.452 8	6.222 5
	0.28		22	1.588 6	1.508 7	5.296 0
	0.38		19	1.566 8	1.465 8	6.890 4
	0.33		26	1.533 7	1.451 9	5.634 0

（1）煤的普氏系数（f 值）

煤的普氏系数即坚固性系数（f 值）的测定采用国内常用的落锤法,计算出煤的坚固性系数[40-41]:

$$f = \frac{20n}{L} \tag{2-1}$$

式中　f——坚固性系数；

　　　n——冲击次数，次；

　　　L——计量尺读数，mm。

① 把采回的煤样用小锤砸成块度为 20～30 mm 的小块，用孔径为 20 mm 和 30 mm 的分样筛筛选出 20～30 mm 的煤粒，然后称取制好的煤样每 50 g 一份，5 份一组，共称取 3 组；

② 将捣碎筒放置在水平水泥地上或适当厚度的铁板上，放入试样一份，把 2.4 kg 的重锤提升到 60 cm 高度，使其自由落下，每份冲击 3 次，5 份试样捣碎后倒在一起，然后倒入孔径 0.5 mm 的分样筛中，筛至不再有煤粉落下；

③ 将筛出的煤粉装入特制的圆柱形计量筒内，缓慢地插入活塞杆使之匀速下沉直至与量筒内的煤粉面相接触，待活塞杆静止保持平衡后，两眼平视读取活塞杆上的刻度，记为 L。

若 $L \geqslant 30$ mm，冲击次数定为 3，按以上步骤继续其他各组的测定；若 $L < 30$ mm，第一组试样舍弃，冲击次数改为 5，按上述步骤重新测定。

将相应数据代入式（2-1）即可得到 f 值，每种煤样分别测定 3 次，取其算术平均值。

对于取得的煤样颗粒达不到 20～30 mm 的，可采用粒度为 1～3 mm 的煤样，按照上述步骤进行测定，按下式计算：

当 $f_{(1\sim3)} > 0.25$ 时，

$$f = 1.57 \times f_{(1\sim3)} - 0.14 \tag{2-2}$$

当 $f_{(1\sim3)} \leqslant 0.25$ 时，

$$f = 1.57 \times f_{(1\sim3)} \tag{2-3}$$

式中　$f_{(1\sim3)}$——粒度为 1～3 mm 的煤样测得的坚固性系数。

（2）瓦斯放散初速度（ΔP）

瓦斯放散初速度使用原煤炭科学院研究总院抚顺分院生产的 WT-1 型全自动瓦斯初速度测试仪进行[49-50]。

煤与瓦斯突出形成的主要诱因与其本身的煤体特性有关，目前达成共识的两种原因是：煤体强弱程度和煤体瓦斯放散能力。对于煤体强弱程度来说，突出可能性低的煤体强度会比较大，煤体抗破碎能力强，对突出的阻碍作用就大。反之，突出可能性高的煤体强度较弱，煤体抗破碎能力弱，难以阻止突出的发展。对于煤体瓦斯放散情况来说，突出开始阶段，煤体瓦斯放散量最多，突出时瓦斯很轻易带出煤体一起流出，突出可能性会比较大[51]。反之，即便煤体瓦斯含量很大，如果瓦斯放散速度不大，这类瓦斯含量高的煤体相对也不易流出大量瓦斯，突出危险程度甚微。这种装置是检测煤体本身的第二个诱因,煤体瓦斯放散能力一般是指煤体中瓦斯的放散初速度(ΔP)和煤样 1 min 内瓦斯扩散速度(ΔD)。煤体瓦斯放散初速度(ΔP)表示的是标准大气压情况下首先使煤体吸附一段时间后,再用毫米汞柱标示前后(45~60 s 与 0~10 s)瓦斯放散时的压力差。

① 煤样制作与测定:

a. 在工作面选取新暴露煤壁,按照煤体不同破坏程度分别采取,每份质量 0.5 kg。将煤样进行打碎处理并掺匀,把粒度大小合乎要求(规格:烟煤是 0.25~0.5 mm,无烟煤是 2~3 mm)的煤粉掺和搅匀,称量煤样每 3.5 g 一份。如果煤样比较潮,要进行风干,除去煤的外部含水情况。

b. 拧下测量仪瓶子下边的固定螺栓,把煤粉倒入。这里要加盖脱脂棉,以防脱气、充气过程中煤粉进入测量仪内。煤样瓶安装完毕,扶好,接着把锁紧螺栓拧紧。

② 测定步骤:

a. 开始测定时首先打开计算机电源,启动后再打开仪器电源与真空泵电源。

b. 按照 WT-1 监控系统软件提示的规定步骤进行测定。在测定过程中,煤样的脱气、充气及漏气检测必须达到规定时间。

c. 依次对每个煤样进行一次死空间脱气和向死空间放气的过程,同时动态显示煤样的扩散速度曲线,自动保存测试结果,最后显示出来。

(3) 孔隙率

孔隙率的测定采用通过测定煤的真密度与视密度,进而间接计算出孔隙率[52-53]:

$$\varphi = \frac{\text{TRD} - \text{ARD}}{\text{TRD}} \times 100\% \qquad (2\text{-}4)$$

真密度的计算公式为:

$$\text{TRD}_{20}^{20} = \frac{m_d}{m_b + m_d - m_a} \qquad (2\text{-}5)$$

式中　p_3——20 ℃时煤的真密度,g/cm³;

　　　m_d——煤粉的质量,g;

　　　m_a——煤粉、浸润剂、蒸馏水和密度瓶的质量,g;

　　　m_b——浸润剂、蒸馏水和密度瓶的质量,g。

视密度的计算公式为:

$$\text{ARD}_{20}^{20} = \frac{m_1}{\dfrac{m_2 + m_4 - m_3}{d_s} - \dfrac{m_2 - m_1}{d_{\text{wax}}} \times d_w^{20}} \qquad (2\text{-}6)$$

式中　ARD_{20}^{20}——20 ℃时煤的视密度,g/cm³;

　　　m_1——煤粒的质量,g;

　　　m_2——涂蜡煤粒的质量,g;

　　　m_3——涂蜡煤粒、十二烷基硫酸钠溶液和密度瓶的质量,g;

m_4——十二烷基硫酸钠溶液和密度瓶的质量,g;

d_s——十二烷基硫酸钠溶液的密度,g/cm³;

d_{wax}——固体石蜡的密度,g/cm³;

d_w^{20}——20 ℃时蒸馏水的密度,g/cm³。

① 真密度的测定:

a. 事先用 0.2 mm 的筛子筛取小于 0.2 mm 的一定量的各煤样的煤粉,置于干燥箱中干燥 1 h 以上,以备用。

b. 测定时,称取约 2 g 煤粉,记为 m_d。

c. 把称好的煤粉小心倒入密度瓶中,用移液管沿瓶壁加入 3 mL 浸润剂,以冲下粘在密度瓶内壁的煤粉,轻轻摇荡,使之混合均匀,放置 15 min,使之充分浸润,然后加入大约 25 mL 的蒸馏水,放在水浴锅中加热 20 min,以排出吸附的气体,之后加入新煮沸的蒸馏水至低于密度瓶口约 1 cm 处,冷却至室温,在 20±0.5 ℃的恒温箱中放置 1 h 以上,然后加入新煮沸并冷却的蒸馏水至瓶口,塞上密度瓶的瓶塞,使多余的水从瓶塞细管中溢出,用毛巾擦干密度瓶,立即称量密度瓶的质量,记为 m_a。

d. 空白值的测量:加入 3 mL 浸润剂,然后加入蒸馏水至瓶口处,塞上瓶塞,使多余的水从细管溢出,擦干密度瓶,立即称量,记为 m_b。空白值的测量应测量 2 次,差值不应超过 0.001 5 g,取其算术平均值。

② 视密度的测定:

a. 事先用 10 mm 的圆孔筛筛取 10~13 mm 的一定量的各煤样的煤粒,干燥 1 h 以上,以备用。

b. 测定时,把筛好的煤粒倒在塑料布上,从不同方位取 20~30 g,放在 1 mm 的方孔筛上,用毛刷刷去煤粉,称量筛上物的质量,记为 m_1。

c. 把称好的煤粒倒入网匙,浸入已加热到 70~80 ℃的石蜡中,用玻璃棒轻轻搅拌,至煤粒表面不再产生气泡,浸蜡时石蜡的温度要控制在 60~70 ℃,然后取出网匙,把煤粒倒在玻璃板上,迅速用玻璃棒拨开煤粒,使之不相互粘连,冷却后,称其质量,记为 m_2。

d. 把浸蜡的煤粒倒入密度瓶中,加入十二烷基硫酸钠溶液至密度瓶约 2/3 处,轻轻摇荡,使涂蜡煤粒表面的气泡排尽,继续加浸润剂至低于瓶口约 1 cm 处,在恒温箱(20±0.5 ℃)中放置 1 h 以上,然后取出,加浸润剂至瓶口,塞上瓶塞,使多余的液体从细管溢出,擦干密度瓶,立即称其质量,记为 m_3。

e. 空白值的测量:加入浸润剂至瓶口处,塞上瓶塞,使多余液体溢出,擦干,立即称量,记其质量 m_4。测量 2 次,差值不超过 0.010 g,取其算术平均值。

图 2-1 至图 2-4 上部为煤的块状形态,下部为手捻后煤的破碎情况,从图 2-1 至图 2-4 和表 2-4 所示煤的基本参数测试结果均可以看出,新登煤业、超化煤矿及新安煤矿二₁煤与大宁煤矿 3 号煤软分层普氏系数较小,煤松软易碎。

2.2.3　孔隙率与煤体坚固性系数的关系

根据表 2-4 所示煤样基本参数实验室测试结果,把每个煤样的孔隙率(K_1)与普氏系数(f)的关系进行对比,做成对比关系曲线图(图 2-5)。

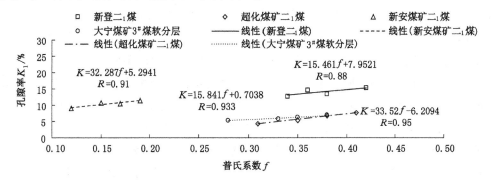

图 2-5　不同类型煤体的 f 值与孔隙率的变化关系曲线

由图 2-5 可以看出:

(1) 对同一个矿井的煤样而言,其孔隙率(K_1)呈现随着普氏系数(f)值的增加而增大的趋势。这是由于在煤系地层中的同一地点,煤体经受的成煤历史时期以及煤化过程都相同,煤的变质程度也几乎相同,其所承受的地应力条件也是相同的,那么在同等地层压力的条件下,坚固程度较小的煤(普氏系数小),所能承受的地层压力就越小,就越容易被压密致实,进而导致孔隙数量变得越少。相反,坚固程度较大(普氏系数大)的煤体在与较软的煤体承受同等压力的情况下,其所能保持原有骨架的能力就越强,越不容易被压实,其原生的孔隙和裂隙就保持得越好,所以坚固性系数大的煤体孔隙就相对较多。

(2) 不同类型的煤体,其孔隙率随 f 值增大的增幅不同。这是由于不同类型的煤体所处的地质条件不同所造成的。

孔隙率随 f 值的变大而增幅较小的煤体,总体孔隙率有的较低,有的较高,两者情况有所不同:对于像超化煤矿二$_1$煤孔隙率普遍较低的煤体来说,主要原因是煤体所处的围岩透气性较好,以及煤化作用过程中煤体本身的总体透气性也较好,煤体在承受地层压力而压密的过程中,其孔隙气逐渐运移出去,致使 f 值的差别即便较大,也会出现孔隙率变化不大,且孔隙率普遍较低的情况。另外,对于透气性较好的中等变质程度的煤体,其孔隙率在低、中、高变质程度的煤中是最小的,也是致使孔隙梯度变化不大和总体孔隙率较低的原因。对于像大宁煤矿 3$^\#$煤总体孔隙率较大的煤体来说,是由于围岩透气性较差,煤体性质决定其本身的透气性也相当差,致使产生的气体难以运移出去,产气在煤体之间的运移也非常困难,造成气体在产气煤体微粒附近聚积,孔隙率普遍较高,梯度变化不大[54]。

孔隙率随 f 值的变大而增幅较大的煤体，是由于围岩的透气性较差，煤化作用产气过程中，气体只能在临近区域的软硬煤之间进行微弱运移，尽管软硬煤之间的运移比较微弱、困难，煤层总体透气性较差，但在长期的地质时期，煤层受压，软煤容易被压缩，硬煤相对难于压缩，为达到孔隙气压平衡，孔隙气从软煤运移至硬煤，导致软煤孔隙越来越少，硬煤孔隙相对保持得较完好，造成软硬煤之间孔隙率差别较大。

（3）f 值相近的不同类型的煤体，其孔隙率不存在一定的可比性。究其原因，不同类型的煤体，即便 f 值相同，但是煤的种类不同，煤的变质程度不同，煤化作用不同，所处地质环境不同，种种不同的原因导致不同类型的煤体孔隙率不存在可比性。f 值相同的不同类型煤体，其孔隙率大的原因是围岩的透气性较差，煤化作用产生的气体总体难以运移出去，造成总体孔隙率较大，局部的孔隙体积也会相应较大。反之，f 值相同的不同类型煤体，孔隙率小的原因是围岩及本身的透气性较好，在长期的地质历史时期，产生的气体逐步运移出去，总体孔隙含量变少，局部孔隙的体积也会相应变小。另外，对于孔隙率相近的不同类型的煤体来说，f 值较大的煤体，其生物成因与热成因的内生孔保持得较好；f 值较小的煤体，是后期的地质构造所致，煤体结构遭受地质作用而发生破坏，外生孔隙发育较多[55-56]。

2.3　煤体原始煤样采集及试件制作

实验所用的煤样可以分为型煤煤样和原煤煤样。型煤是通过将原煤块磨碎成一定粒度的小颗粒并加入一定量的黏结物质加工成型而得到的；原煤煤样是通过岩芯钻取芯直接取得或者是用井下取得的原煤机械加工成预先设计好的一定规格的煤样[57]。硬度较大的原煤煤样一般可使用岩芯钻取芯法直接制作；但是在形成过程中受到强烈地质构造作用，松软易破碎、强度较低的构造软煤原煤样制作难度较大，很难直接制取。因此，有关文献报道中对构造软煤的研究大多数采用型煤煤样[58]。

但是在型煤的加工过程中，煤样原有的孔隙及裂隙结构遭到了严重破坏，甚至煤样的原有裂隙及孔隙会由于型煤成型过程中的压实作用而消失，因而同一矿井的型煤与原煤在结构特征上存在较大差异，型煤煤样很难真实反映煤体的实际特征。比如在瓦斯渗透性实验研究中，型煤只能研究其大致的变化规律，为了更加精确地反映不同煤体的瓦斯渗透规律，应采用更能真实反映煤体特征的原煤煤样作为研究对象[59-60]。

由于岩芯钻在取样时会存在一定的振动，加之构造软煤松软易碎，会导致取出来的煤样断裂甚至破碎，无法得到完整的原煤煤样。因此，松软易破碎原煤样采用取芯制取较难实现[61]。经过尝试，采用"二次成型法"通过现场原煤样采集及实验室机械加工两个步骤成功地制作了本实验所需的原煤样试件。同时，为了使得实验结果具有一定的可比性，硬度相对较大的原煤煤样的采集也使用该方法进行。

松软易破碎原煤煤样的制取可采用"二次成型法"：① 在井下采集形状相对规则、块度较大的煤块并运至地面；② 对选取的构造软煤煤块按照设计煤样试件进行机械加工成型[62]。

实验过程中，煤样试件的高径比会由于外界应力的加载而导致应力的分布形式发生改变，大量的实验研究表明：实验试件较合理的高径比至少应为 2∶1，理想的高径比范围为 2～2.5，ISRM（国际岩石力学学会）建议的高径比为 2～2.5，原煤炭工业部的实验规程规定高径比为 2。本实验方案中煤样试件为圆柱体，直径为 50 mm，高度为 100 mm，高径比为 2∶1，高径比符合要求。

2.3.1 大块度煤的采集

由于构造煤松软破碎，而且煤矿井下活动空间范围极其有限，许多工具的使用受到制约，因而在煤矿井下取得大块度原煤难度较大。在前人研究的基础上，经过尝试，选用锯槽加框浇注法取样。

块度煤样采集前需要的材料及工具主要有：

（1）手锯：为了在井下使用时稳定性好，手锯锯片应尽可能宽，硬度尽可能大（图 2-6）。

图 2-6　高强度手锯

（2）铁皮方框：煤块尺寸越小，锯取时破碎的可能性越大，块度过大，井下制取与搬运难度较大。经过尝试，选取边长为 20 cm 的煤块方体较合适。为了制取方便，设计、加工了边长和高度均为 220 mm 的铁皮方框，铁皮厚度为 1 mm 左右，铁皮焊接后在接口处打磨，最终成型（图 2-7）。

（3）浇注材料选择：通过对 AB 胶（聚氨酯）、石材胶黏结剂、ABS 胶水、704 硅胶等多种材料的尝试对比，最终确定选用聚氨酯作为填充胶结材料。主要原因在于聚氨酯

 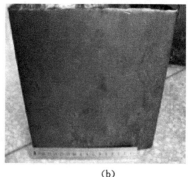

(a)   (b)

图 2-7   加工好的铁皮方框

流动性较强,且反应时间较短,操作方便,且其凝固后强度相对不大,能较容易地将煤块从铁皮方框中取出。

煤块采取步骤如下:

(1) 在新揭露煤层上选择受采动影响相对较小的煤体地质单元,用铁锹等工具轻轻地将上部的煤体清除掉使其留出一个台阶,尽量不破坏煤体的赋存状态。使用手锯将煤体台阶上的煤处理平整,选取层理相对较均匀且不存在明显裂隙的区域,用白色粉笔标示出一个正方形,正方形的边长为 20 mm,然后用手锯沿着标示线轻轻切锯,切锯深度在 20 mm 以上,切锯前在锯条表面敷涂一层不具有渗透性的软滑油以减少锯割时对煤体的损伤。

(2) 锯切成一个完整的方体煤块后,清除锯槽里面的煤屑(如锯切过程中煤体破裂需重新进行),将加工好的铁皮方框罩住煤块,勾兑聚氨酯,均匀搅拌后浇注在铁皮方框与煤体间的缝隙中。

(3) 过一段时间待聚氨酯凝固后,用手锯缓慢地将煤体底部进行切割,切断后小心地从煤层上取下,将其运至地面并进行蜡封,为了减少煤的风化,可将塑料薄膜罩于煤块四周。将煤块装箱后用锯末填充以减少运输过程中的振动破坏,将其运至实验室。从实验矿井取得的大块度煤体如图 2-8 所示。

2.3.2 煤块的机械加工成型

煤块需要加工成标准试件才能进行实验研究,如果使用取芯机进行钻取,由于在取芯过程中振动较大,同时还需要水流过煤体进行排渣,这势必造成煤块的破碎,导致取样失败,经过多次尝试,可按照下列步骤进行:

(1) 紧挨铁皮方框用钻具在聚氨酯层钻孔,使细小的钢丝锯条穿过钻孔并固定在锯弓上拧紧。沿着聚氨酯层缓缓地锯切一周,将煤块与铁皮方框之间的聚氨酯去掉。

(2) 取下铁皮方框,缓慢地将煤块锯切成长方体(100 mm×100 mm×150 mm),

图 2-8　大块度原煤方体

(a) 新登煤业二$_1$煤;(b) 超化煤矿 3$^\#$煤硬煤;(c) 新安煤矿二$_1$煤;(d) 大宁煤矿 3$^\#$煤软煤

最后磨平两端。为防止煤样破裂,锯切、打磨操作过程尽可能保持平稳。

(3) 将方体试件在 SHM-200 型双端面磨石机上进行打磨,打磨时采用干磨的方法并匀速缓慢进行,对煤样进行固定时要在煤样被加持的侧面铺垫胶皮,以防试件过度受压。

(4) 锯掉长方体煤块 4 个楞角,使之呈类圆柱形,用砂布将类圆柱形试件的凸棱进行打磨使之尽量圆滑,此时煤样基本接近圆柱体。由于打磨摩擦会使试件部分脱落,打磨后的试件尺寸会变小。用不锈钢加工一个上下都可以开口的内径为 50 mm、高 110 mm 的圆柱体模具(图 2-9),将试件放入其中。选择充填材料将其补充成标准煤样试件(ϕ50 mm×100 mm)。

图 2-9　不锈钢圆柱体

填充材料必须满足以下要求：

① 填充材料凝固后硬度不能太大，要富有弹性，以避免在轴压加载期间影响煤样受力和煤样内部的空隙分布，影响煤样的渗透率。

② 填充材料必须具有一定的黏结性，能紧紧地粘在煤样上，这样能使煤样在模具中经过浇注固化后成为圆柱体。

③ 填充材料必须能粘住煤样，而对模具不具黏结性，这样煤样试件能轻松地从模具中取出来。

④ 填充材料在常温下可以凝固并且凝固时间不能太长（在暴露条件下凝固时间不能超过 3 d），时间越长松软煤体损坏的概率越大。

经过查阅大量相关资料后，最终选用硅酮酸性玻璃胶作为充填材料。酸性硅酮玻璃胶是一种单组分酸性固化密封胶，使用方便、表干快、无垂流，在各种气候条件下都可以使用，凝固后弹性良好，与煤样的黏结性好，但与不锈钢材料不具黏结性。

（5）将浇注后的模具置于阴凉干燥的空间内，待硅酮酸性玻璃胶凝固后（一般 2～3 d），去掉模具的顶、底盖，将煤样小心翼翼地推出模具。用粗糙砂布打磨掉试件残留胶体，标准的松软原煤煤样制作成功（图 2-10）。

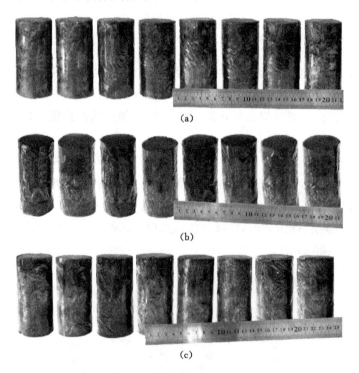

图 2-10　松软煤原煤样

(a) 新登煤业二$_1$煤；(b) 超化煤矿二$_1$煤；(c) 新安煤矿二$_1$煤

(d)

续图 2-10　松软煤原煤样

(d) 大宁煤矿 3# 煤软分层

通过松软易破碎煤体制作过程可知,构造煤体原煤样的制作要比硬煤困难很多,煤块井下的采集、运输以及实验室标准试件的加工,每一步的成功率都很低,并且费时、费力、费料。从井下用铁皮方框完好取下煤块的成功率约为 50%,用大块度煤体制取规则长方体煤样的成功率约为 60%,用硅酮型玻璃胶固化成标准试件的概率约为 20%。但是硬煤煤样试件的制取成功率相对要高得多。

软煤表面暗淡无光,层理较紊乱且排列无次序,节理不清,存在大量擦痕。这充分说明构造煤在成煤过程中受到强烈地质作用破坏;硬煤则色泽光亮,层理较清晰。在煤样试件的加工过程中,软煤样产生的煤屑要比硬煤多很多,另一方面也说明了软煤样结构的易碎性。特别是构造软煤经历过一期甚至更多期地质构造应力作用,煤体发生了破碎甚至强烈的韧塑性变形及流变迁移,其内部原生结构和构造都发生过不同程度的脆裂、破碎、韧性变形或叠加破坏,甚至内部化学成分和结构发生了变化。松软破碎煤体湿度小、层理较紊乱、力学强度较低,将其制成煤样难度很大。由于煤岩体受组成成分以及受各种地壳运动、地质变迁和自然作用等多种因素的影响,其内部所包含的孔隙、裂隙、裂纹等差异性也很大,这势必导致煤体的物理力学及非力学性质具有较大差异[63]。

2.3.3　两种煤样的电子扫描图

为了更好地观察煤样的内部裂隙孔隙结构的差异,利用 JSM-6390LV 钨灯丝数字化扫描电镜分别对大宁煤矿的硬煤与软煤进行了电子扫描(图 2-11、图 2-12)。

从上述两图可以看出:软煤在形成过程中受到强烈地质作用的严重破坏,其内部孔隙、裂隙发达,而硬煤由于在成煤过程中受地质作用破坏的程度相对较小,其内部裂隙孔隙结构相对来说也不发育,并且从硬煤原煤样的电子扫描图可以看出,硬煤内部的孔隙以微小孔为主,而软煤内部的中孔、大孔等以便形成易于瓦斯流动的通道要比硬煤多得多。

煤矿瓦斯抽采的实际情况表明,一般情况下软煤的渗透率要比硬煤低得多,这与上述观点相驳,其主要原因在于围压增加对软煤瓦斯渗透性的影响要远远大于其对硬

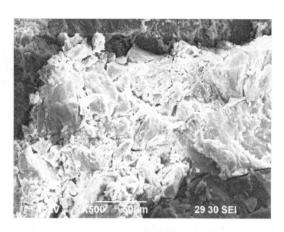

图 2-11　软煤原煤样电子扫描图

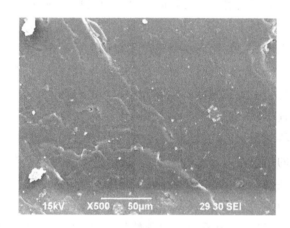

图 2-12　硬煤原煤样电子扫描图

煤原煤样的影响,软煤在漫长的形成过程中,地质作用使其内部发育了大量裂隙结构,而硬煤内部裂隙结构比构造煤少很多,主要是以微孔、小孔、中孔、大孔等孔隙结构居多。内部孔裂隙结构在围压的作用下较孔隙结构更容易发生闭合,因而在增加围压时,更容易造成软煤瓦斯渗透率显著减小。而硬煤煤样渗透率受其影响较小,而且其承受围压能力要比软煤强很多,在增大相同围压时硬煤煤样的瓦斯渗透率的减小量比软煤小很多。因此煤矿井下的煤体由于垂直与水平地应力的存在,使得软煤的瓦斯渗透率较同一煤层的硬煤小。

2.4　本章小结

(1) 对同一矿井的煤样而言,孔隙率(K_1)随着普氏系数(f)值的增加具有增大的趋势。不同类型的煤体所处的地质条件不同,造成了孔隙率随 f 值增大的增幅也有很大的差异。

（2）原煤煤样较型煤更能精确地反映不同煤体的瓦斯渗透规律及压裂过程前后渗透率的变化规律，尽管构造软煤原煤样制作较难，但采用"二次成型法"可以成功制作。煤的硬度越大，其原煤煤样试件的制作成功率越高，反之越低。一般而言，用手捻成粉末状的Ⅳ、Ⅴ类全粉煤制作成功的概率更低。

3 瓦斯渗透性模拟实验装置的设计与改装

3.1 功能用途简介和理论基础

渗流理论目前是指导煤矿瓦斯防治工作的主要指导理论,线性渗流理论认为,多孔介质内部流体的流动符合线性渗透定律,即达西定律,这一定律是法国水利工程师达西于19世纪50年代在做水压过填满砂粒管子的实验时发现的,实验表明水通过砂粒的渗流速度与压力梯度成正比。从此达西定律便首先在水利工程、环境净化工程以及地下水资源开采中得到应用。随着石油、天然气工业的发展,逐渐形成了石油天然气渗流理论;线性渗流理论广泛应用于预测煤井涌水、煤矿瓦斯涌出及煤与瓦斯突出。煤层瓦斯渗透理论假设煤层是均匀的连续介质,煤层中吸附瓦斯的扩散解吸过程可在瞬间完成,在此种假设条件下瓦斯在煤层中流动符合线性的达西定律。煤是由古代植物经过复杂的生物化学、物理化学作用演变而成的,在成煤胶结过程中产生了大量的原生孔隙,形成煤体后,在地质构造运动及构造应力的条件下还形成了大量的孔隙和裂缝。伴随着煤的形成,腐殖型有机物经过生物化学成气时期和煤化变质作用时期两个阶段,生成了大量的瓦斯气体,主要以游离和吸附状态存在。吸附状态的瓦斯主要吸附在煤的微孔表面和煤的微粒结构内部,游离状态的瓦斯则可以在煤体和围岩的裂隙和较大孔隙内自由流动。吸附状态的瓦斯通过解吸作用可以形成游离状态的瓦斯,瓦斯在煤层中的这些流动均符合达西定律。

煤体瓦斯渗透率是瓦斯渗流力学的基础,它决定瓦斯在煤体中的运移难易程度。同时,渗透率与瓦斯抽采也密切相关。目前,瓦斯抽采是防治各种瓦斯事故的基本措施之一。因此,渗透率也是防治煤与瓦斯突出及瓦斯爆炸等重大瓦斯灾害事故的关键着手点[64]。当前用来研究煤体瓦斯渗透率的设备大多数可以实现对煤体试样进行不同体积应力[65]、不同瓦斯压力[66]、围压加卸载[67]、全应力—应变过程[68]、循环载荷、温度影响[69-70]等渗透性实验。但在煤矿实际的瓦斯抽采过程中,孔口需施加一定的负压才能实现。现有的设备能够调节出口处的压力大小,但是能调至负压的渗透性实验受到极大限制。另外,水力压裂增透技术研究大多数是现场试验[71-76]或者是基于固流耦合理论的渗透率数值模拟[77-78],实验室研究缺乏。

　　常规的三轴应力渗流实验是在出口压力为大气压情况下进行的,视煤岩试样为各向同性的均质材料,渗流规律符合 Darcy 定律,其计算公式为[79]:

$$k = \frac{2\mu p_0 Q_0 L}{(p_1^2 - p_2^2)A} \tag{3-1}$$

式中　　k——渗透率,mD;

　　　　μ——流体动力黏度系数,MPa·s;

　　　　p_0——标准大气压,MPa;

　　　　Q_0——p_0 在标准大气压时的渗流量,m³/s;

　　　　L——试件长度,m;

　　　　p_1——进口瓦斯压力,MPa;

　　　　p_2——出口瓦斯压力,MPa;

　　　　A——试件横截面面积,m²。

　　负压载荷时的渗流实验过程中,出口压力不是标准大气压。在设定的每一轴压、围压及孔隙压下进行实验,其透气性系数的计算式为[80]:

$$q = -\frac{\kappa}{\mu} \cdot \frac{\mathrm{d}p}{\mathrm{d}x} \tag{3-2}$$

式中　　q——流速,m/s;

　　　　$\mathrm{d}p/\mathrm{d}x$——压力梯度,MPa/m。

　　式(3-1)是在边界条件为 $p|_{y=L} = p_1$ 和 $p|_{y=0} = p_2$ 时由式(3-2)推导得出的。当边界条件为 $p|_{y=L} = p_1$ 和 $p|_{y=0} = p_3$ 时,代入式(3-2),令 $\frac{\mathrm{d}p}{\mathrm{d}x} = t$,则 $\mathrm{d}p = t\mathrm{d}x$,渗流方向与选定坐标方向相反,对两边积分,得 $\frac{\mathrm{d}p}{\mathrm{d}x} = \frac{(-p_3) - p_1}{L}$,那么有:

$$q = -\frac{\kappa}{\mu} \cdot \frac{-p_3 - p_1}{L} = \frac{\kappa}{\mu} \cdot \frac{p_1 - (-p_3)}{L} \tag{3-3}$$

式中　　p_3——出口负压。

　　当瓦斯以流速 q 通过一定横截面面积 A 时,其单位时间内的流量为:

$$Q = qA \tag{3-4}$$

　　设 Q 为 $[p_1 + (-p_3)]/2$ 时的流量,Q_0 为 p_0 等于 1 个大气压时的流量,根据气体状态方程

$$\frac{p_1 + (-p_3)}{2}Q = p_0 Q_0 \tag{3-5}$$

　　联立式(3-3)至式(3-5)可得,出口负压作用下的渗透率计算式:

$$\kappa = \frac{2\mu p_0 Q_0 L}{(p_1^2 - p_3^2)A} \tag{3-6}$$

3.2 瓦斯渗流实验装备的组成

瓦斯渗流实验装置主要由煤样试件密封系统(夹持器)、三轴应力加载及伺服控制系统、瓦斯气体接入系统、气体流量采集系统、负压加载系统、自动监测与数据采集分析系统五部分组成(示意图见图3-1,实物图见图3-2)。

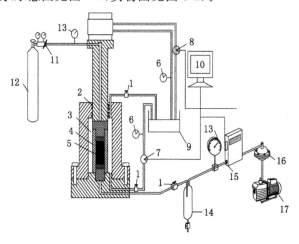

图 3-1 煤样瓦斯渗流实验装置工作原理示意图

1——阀门;2——密封胶圈;3——压力室;4——围压增压胶圈;5——试件;6——油压表;7——围压控制阀;

8——轴压控制阀;9——油箱;10——计算机;11——减压阀;12——甲烷气体;13——气压表;

14——气水分离器;15——流量计;16——阻尼器;17——真空泵

图 3-2 煤样瓦斯渗流实验装置实物图

试件密封系统为一封闭空间,对煤样试件进行固定密闭,保证实验过程中瓦斯压力的保压;三轴应力加载及伺服控制系统则是采用电液伺服闭环技术,计算机控制煤样试件轴压及围压加载。瓦斯气体接入系统主要供给高纯度 CH_4($\geqslant99.99\%$),并调节气体压力。气体流量采集系统对瓦斯流量进行采集,且流量计内置故障报警系统,能自动阻止煤尘及其他液体侵入;负压加载系统主要是实验过程中给煤样试件加载预定的负压,同时还能抽出试件内部裂隙残留的水,从而保证流量采集不受水的影响,保证测定结果的准确性。自动监测与数据采集分析系统则主要在实验过程中自动计入瓦斯流量。

实验系统各部分附件主要参数如下:

(1)轴压范围:0~100 MPa,精度:0.1 MPa;

(2)围压范围:0~60 MPa,精度:0.1 MPa;

(3)瓦斯压力范围:0~10 MPa,精度:0.1 MPa;

(4)D07-7BM 型质量流量计测量范围:0~30 SCCM(标准毫升/分),精度:$\pm1.5\%$ F.S,耐压 3 MPa;

(5)三轴应力夹持器,规格:$\phi50\times100$ mm,实验压力:13 MPa,保压时间:30 min。

3.2.1 煤样试件密封系统

煤样试件密封系统是放置试样的容器装置即夹持器,由底座、压力室缸体、活塞杆及密封胶圈等组成,见图 3-3 和图 3-4。压力室适合的试样尺寸为:$\phi50\times(80\sim120)$ mm。活塞杆上方一个孔口为气体渗透性实验中瓦斯的进入通道。底座上的接口有气渗透出口,压力室筒侧壁有两孔口,此孔口为围压增压装置的溢流口。

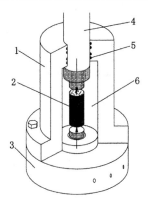

图 3-3 煤样试件密封系统示意图

1——压力室筒;2——试件;3——底座;4——活塞杆;5——密封胶圈;6——压力室

实验过程中,煤样试件的轴压加载通过设备的轴向动作器传递压力给夹持器的活塞杆进而作用于煤样试件,围压加载则通过夹持器压力室壁侧的液压油进出控制。煤

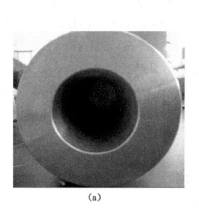 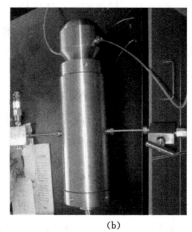

(a)　　　　　　　　　　　　　　(b)

图 3-4　煤样试件密封系统示意图

样试件周围的密闭依靠密封胶圈实现,压力杆与缸体接触部分为锥形,上部密闭依靠压力室缸体与活塞杆轴压传递压紧来实现(锥形密闭)。

3.2.2　三轴应力加载及伺服控制系统

应力加载系统由轴向加载装置、围压增压装置和加压泵站组成。

(1)轴向加载装置

轴向应力加载系统是由安装在机身上的轴向动作器提供其轴向压力,轴向最大实验压力为 80 MPa。通过电液伺服装置、滤油器,在传感器及微机系统的控制下,把液压缸中的液压油作用到提升装置,通过提升装置带动活塞杆上下移动,实现对试样的轴向加卸载过程(实物图如图 3-5 所示),轴压的加载可通过计算机软件进行设定来实现。

油箱、柱塞泵、电动机、阀组等构成液压源的主要部分。将皮囊式蓄能器装置在阀组上,将高压氮气充入皮囊式蓄能器内部。清洁油通过过滤器进入油泵,清洁油进入油泵后产生高压油,之后流经单向阀。系统的最大压力值通过液压回路中的溢流阀来控制,阀门压力的稳定以及流量的瞬间不足靠安装在液压缸进油口的蓄能器来实现。同时,安装在进油路上的精密滤油器的作用是保证伺服阀的正常运转。

(2)围压增加装置

围压增压系统是由液压增压缸、橡胶圈、伺服装置、位移和压力传感器、围压调节与控制系统等组成(示意图见图 3-6,实物图见图 3-7),最大围压为 60 MPa。其工作原理是:伺服液压油注入压力室腔体,液体产生压力,通过橡胶圈将围侧压力传递给试样。围压加载时,启动围压泵之后,打开三轴应力渗透仪压力室下部的围压增压进油口阀门和安装在压力室上方的溢流阀开关,当溢流口有油流出时,即关闭压力室进油

图 3-5　三轴应力轴向加载装置实物图

口的阀门和溢流口的阀门,然后把围压增压缸的活塞杆旋至最外端以吸足液压油,将压力调至所需压力即可设定实验所需的围压。

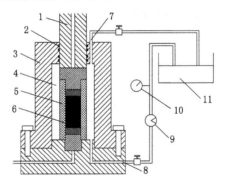

图 3-6　围压加载与控制系统示意图

1——活塞杆;2——密封胶圈;3——压力室筒;4——压力室;5——围压增压橡胶圈;6——试件;
7——围压增压溢油口;8——围压增压进油口;9——围压控制泵;10——压力表;11——油箱

（3）加压泵站

三轴应力加压泵站提供轴压与围压的加载动力,三轴应力渗流实验仪采用电液伺服闭环技术,计算机控制。主要由液压源电气部分、轴向电液伺服闭环控制、侧向围压电液伺服闭环控制、侧向水压电液伺服闭环控制等组成。

液压源电气部分如图 3-8 和图 3-9 所示,其工作原理是:1 部 15 kW 的三相交流鼠笼电动机带动 1 台 30 L/min 的柱塞泵提供压力源。液压源具有自动保护功能,当油温、压力超过系统所允许的值时会发生自动报警。传感器信号采集系统包括轴向载荷、侧向围压、侧向水压三部分,在电液伺服阀闭环控制系统的驱动下,使系统工作协

图 3-7　围压加载与控制系统实物图

调。其作用过程是将来自传感器的信号滤波放大,而后经装在微机内的 A/D 板送往微机和控制器,完成量化显示以及实现控制器的闭环比较。根据控制原理可知,伺服阀控制系统的工作方式有力控制和位移控制两种方式。由专用控制器来进行控制,该部分是将来自相应各放大器的传感器信号同与之相对应的给定信号比较,并进行 PID控制后,去驱动电液伺服阀按照指令进行工作。

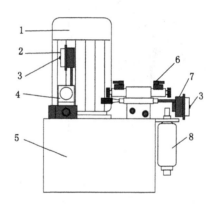

图 3-8　液压源结构图示意图

1——电动机;2——轴压控制表;3——压力调节旋钮;4——阀板;
5——油箱;6——电控开关;7——围压控制表;8——蓄能器

液压源的控制包括触摸屏控制系统与手动操作控制系统,如图 3-10 所示。触摸屏与手动操作控制都能通过对液压泵站的控制来实现轴压、围压的加载与卸压。

3.2.3　瓦斯气体接入系统

气渗透系统主要由高压气体钢瓶、减压调节阀、压力表、真空泵、阻尼器和连接管路组成,如图 3-11 和图 3-12 所示。系统工作时,把二位阀拨至气渗透挡位后,要先调

图 3-9　加压泵站实物图

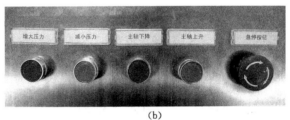

(a)　　　　　　　　　　　　　　(b)

图 3-10　液压源控制部分

(a) 液压源触摸控制屏;(b) 液压源手动操作台

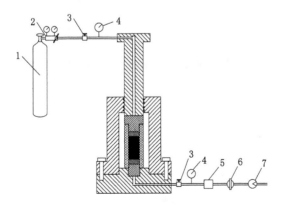

图 3-11　气渗透系统示意图

1——气体钢瓶;2——减压阀;3——阀门;4——压力表;5——电子气体流量计;

6——阻尼器;7——真空泵

图 3-12　气渗透实物图

节安装在气体钢瓶出口的减压阀,调至渗透入口所需气体压力,气体压力调节时压力表的示数有一定的滞后效应,减压阀的调节要缓慢,直至压力表示数稳定。然后再打开气路上的各阀门,对已安装好的煤体试样进行渗透性实验。阻尼器安装在出气口附近,其作用是进行负压作用下的渗透性实验时消除真空泵的振动及工作不稳定对出口负压波动的影响,真空泵工作负压的调节范围为 $0\sim40$ kPa。阻尼器由蓄能弹性气囊构成,由真空泵产生的振动导致气压升高时气囊被压缩,阻止气体压力的升高,反之则阻碍气压降低,把气体压力控制在一个相对稳定的数值。阻尼器应尽量安放在真空泵抽气管口正对位置,以达到最佳的控制出口气体压力稳定的效果。

3.2.4　气体流量采集测试系统

在瓦斯渗透性实验中,通过煤样的瓦斯气体流量是主要测定的数据,最终渗透率的计算就是根据瓦斯流量来进行计算,因此气体流量测量的准确性直接影响实验的成功与否。

在本实验中气体流量的测量主要采用两种方法进行:一种是用流量计;一种是用传统的积水排气法。流量计测量流量具有方便、精确的优点,是实验中所采取的主要测量方法。积水排气法是一种辅助方法,主要是当流量计出现问题时的一种备用方法,同时也被用来监测对比流量计的准确性。

本实验装置中气体流量测量存在两大特点:① 在负压作用下进行测量,气体质量流量计要选用能耐受所需范围的负高压;② 气体流量有时可能比较小,变化范围也可能比较大,所以应选用较大量程且能测定较小流量情况下的数字质量流量计。

气体质量流量计(Mass Flow Meter,MFM)主要用于测量气体的质量、流量参数。

其主要应用在科研与生产中,包括用于集成电路工业、特种化学材料、半导体、化学化工业、石油天然气工业、医药、环境保护以及真空等。比较典型的应用有:扩散、外延、氧化、等离子刻蚀、CVD、溅射、离子注入等电子工艺设备,另外包括镀膜设备、微反应实验装置、光纤熔炼、配气混气系统、气相色谱仪器、毛细管测量等。

本实验装置选择的质量流量计型号为 D07 系列的 D07-7BM 型,如图 3-13 所示,D07 系列质量流量计的特点主要包括:精度相对较高、反应速度较快、软启动、重复性能好、数据测量稳定可靠、工作压力范围较宽等特点,其操作更为方便,可以根据需要在任意位置进行安装,最大的特点是便于与计算机相连接以在数据读取上实现自动控制。

图 3-13　D07-7BM 系列质量流量计

D07 系列的质量流量计在使用过程中一般与 D08 系列流量显示仪配套,使用专用电缆线将控制器与显示仪进行连接,如图 3-14 所示。

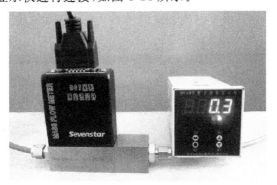

图 3-14　质量流量计与流量显示仪配套图

流量显示装置的型号为 D08-1GM 型(图 3-15),该型号流量显示仪主要组成部分包括±15 V 电源、5 V 电源、流量瞬时显示器、按钮、数据采集系统芯片以及通信部件等。经由质量流量计传输的流量检测电压为(0～＋5 V),传输电压经由数据采集系统芯片进行转换变为数字信号,经过运算处理,瞬时流量被输送至 4 位的 LED 数码管进行显示,数码管显示的流量单位为:SCCM(标准毫升/min)、SLM(标准升/min)以及 SKLM(标准千升/min)。

图 3-15　D08-1GM 型流量显示仪

数字质量流量计接在渗流出口处,当测量负压作用下的流量时,出口处还要有压力表、阻尼器和真空泵。另外,测量气体渗流量时,要在出口处流量计前端安装简易的气水分离器,以避免煤样残留的水进入气体流量计而导致测量结果不准确,甚至造成气体流量计损坏,如图 3-16 所示。

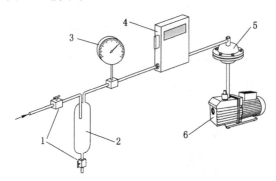

图 3-16　气体流量采集系统示意图

1——阀门;2——简易气水分离器;3——压力表;4——耐高压电子气体流量计;
5——阻尼器;6——真空泵

3.2.5　自动监测与数据采集分析系统

自动监测与数据采集系统是采用计算机语言编制的程序,界面如图 3-17 所示。从图中可以看出,界面主要包括三部分:煤样参数、实验数据及数据存储。

煤样参数主要包括试件的编号、直径、长度以及实验时当地的大气压力。这些数

图 3-17　三轴应力实验装置信息采集系统

据需在实验前手动输入;实验数据部分包括试件加载的轴压、围压、瓦斯气体的瞬时流量、累计流量、气体的进口压力、渗透率数值以及加载水压的大小。这些参数在实验过程中自动实时显示,其中渗透率数值是计算机根据计算公式自动转换的;数据存储部分主要包括实验参数的采集频率,信息采集频率可以根据需要自行设定,本书实验过程中数据采集频率设定为每 5 s 1 次。实验开始进行时点击开始保存按钮,数据便在后台自动进行保存。

3.3　本章小结

本章主要介绍了瓦斯渗流实验系统的设计和改装以及构造煤原煤煤样的制作工艺。

负压作用下构造煤试样的瓦斯渗流实验是在力学实验室的 GT-7001-M10 型三轴应力渗流实验仪上进行的。我们对其渗流出口进行了改装和系统调试,以便使该实验仪能够进行出口负压条件下的煤体的单向和多向静力和动力的力学特性和孔隙特性的数据测定,以及负压作用下各种煤体的应力应变等渗透性实验。设备的自动化程度较高,实验过程中各测量参数可以实时显示,实验仪具有防试样破坏时的冲击自动保护功能。

构造煤的原生内部结构遭到严重破坏,层理紊乱,松软易碎,制作困难,大多数学者在不得已的情况下用型煤试件来代替原煤煤样进行实验,型煤煤样的结构和层理与原煤煤样差别很大,是否能真实反映原煤煤样的渗透情况尚未得到明确证实。我们经过多次探讨和尝试,总结出一套方法:先在井下用我们制作的铁框取出大块体的煤样送至实验室,然后再锯切成小块体,对小块度煤样用锋利的刀具和砂纸进行二次成型加工,规格尺寸为 $\phi 50$ mm×100 mm。

4 瓦斯渗流原理及实验方案

煤是远古时期的腐殖型有机物沉积后,经历泥炭化的生物化学成气时期以及演变成各种类型煤体的煤化变质作用成气时期形成的一种利用价值非常高的可燃产物[81]。煤的成气过程使煤体内部产生大量的孔隙,煤体沉积地下,承受着不同情况的地应力,在地应力的作用下,其内部结构也发生非常复杂的变化,煤体瓦斯的渗透率会受到这些因素的影响,尤其是构造煤,受地质构造作用的影响程度更大。在开采煤炭这种高价值的地下资源的时候,为了防治瓦斯灾害以及把煤储层瓦斯当作一种共生能源得以开采使用,都是要对抽放钻孔和管路施加必要的负压来实现,目前的实验设备缺乏抽采负压模拟功能,我们自行研制了出口负压可控的瓦斯渗流实验装置,能够模拟抽采负压作用下煤体瓦斯加卸载的透气性效果。

煤体内部结构复杂、特殊多变,内部发育着大量的孔隙和裂隙,瓦斯在煤体内的赋存与流动相当复杂。实际的煤储层受到上覆岩层及围岩的压力,煤层在静载荷地应力的作用下处于稳定状态。在煤炭开采以及煤层气的开采过程中,地下的应力状况发生变化,尤其是在采煤工作面前方不远处顶板周期来压的情况下,煤层受到的应力发生周期性的变大或变小,同时在开采过程中要不断地对瓦斯进行抽放,因此难以得出煤体瓦斯渗流规律。因而,应将影响煤体瓦斯渗透特性的各个因素进行分开测试,在考察其中一个因素时其他因素要设定为定值,以此来断定此因素的变化对煤体瓦斯渗透率的影响情况。另外几个因素的影响亦用同样的实验方法测定。

4.1 负压作用下瓦斯渗流实验原理

渗透率早在岩土工程力学方面的研究中提出的概念,岩石对一定压差流体的通透能力称为渗透性,渗透能力的强弱用渗透率来表达。即压力梯度和动力黏度系数均为1的液态物质通过介质的渗透流速,代表的是土、岩石等物质的液体穿透性能,现已被广泛应用在天然气工业及煤炭行业等行业研究中。渗透率的影响因素很多,包括:试样的内部孔隙和裂隙发育程度,渗流方向上的孔隙形状和贯通情况,试样的组分以及颗粒的大小、几何形态、均匀度、排列方向等。而在煤炭领域中,定义煤体允许瓦斯通过的能力称为煤体瓦斯渗透性,煤体瓦斯渗透性的大小用煤体瓦斯渗透率来表示。

　　煤体内部存在着大量的孔隙和裂隙,这些孔隙和裂隙的贯通程度决定了煤体的通透性,瓦斯气体流经煤体的通道也就是这些贯通的孔隙和裂隙。由上述渗透率的定义与渗透率的计算式可知,可以对已知截面和长度的试样两端附加一定的气压差,测定瓦斯的渗流速度进而定量地计算出煤体瓦斯的渗透率。我国聚煤盆地赋存着大量的构造煤,开采过程中,对在围岩应力动态变化和抽采负压作用下的瓦斯渗透性进行研究很有必要。测试结果对构造煤煤储层的瓦斯抽采和构造煤煤体瓦斯防治具有重要的指导意义。

　　常规的三轴应力渗流实验是在出口压力为标准大气压情况下进行的,视成型煤岩试样为各向同性的均质材料,渗流规律基本符合 Darcy 定律,其渗透率的计算式如式(3-1)所示。由渗透率的计算公式可知,需要用到的参数包括:瓦斯渗流量、进口瓦斯压力、出口负压、试样长度和横截面面积。其中瓦斯流量是实验过程中需要测得的主要数据,进口瓦斯气体压力和出口瓦斯气体压力在实验前进行设定,煤样的底面积和长度在试样制作时即标记并进行记录。参考前人对煤体瓦斯渗透率影响因素的考察研究,影响煤体渗透率的主要因素有:围压、轴压、瓦斯气体压力。在测定其中一个因素对煤样瓦斯渗透率的影响时,设定其他因素为定值,这就要求实验仪器对各项参数的控制达到所需要的准确性和精密性。

4.2　实验方案及步骤

4.2.1　实验方案

　　本实验重点研究抽采负压作用对构造煤($f<0.5$)的瓦斯渗透特性影响规律。在井下煤体瓦斯抽采过程中,处于地应力、抽采负压和煤层内部瓦斯压力的共同作用,因此从瓦斯气体压力、轴压和围压同抽采负压的协同性方面考虑,确定两种实验方案:

　　(1)围压、轴压和进口瓦斯压力不变,改变出口负压,考察煤体在静载荷条件下抽采负压对构造煤煤体瓦斯渗透率的影响,共进行 3×2＝6 组实验,各组参数为:

　　① 围压 1.5 MPa,轴压 2 MPa,进口气压 0.2 MPa,改变出口负压大小,观测记录渗流量。

　　② 围压 1.5 MPa,轴压 2 MPa,进口气压 0.3 MPa,改变出口负压大小,观测记录渗流量。

　　③ 围压 2 MPa,轴压 3 MPa,进口气压 0.2 MPa,改变出口负压大小,观测记录渗流量。

　　④ 围压 2 MPa,轴压 3 MPa,进口气压 0.3 MPa,改变出口负压大小,观测记录渗流量。

⑤围压 3 MPa,轴压 4 MPa,进口气压 0.2 MPa,改变出口负压大小,观测记录渗流量。

⑥围压 3 MPa,轴压 4 MPa,进口气压 0.3 MPa,改变出口负压大小,观测记录渗流量。

(2)围压和进口瓦斯压力不变,设定多组负压,进行轴压的加卸载实验。考察不同抽采负压与轴压的动态变化协同作用对构造煤煤体瓦斯渗透率的影响,共进行 $3 \times 3 = 9$ 组实验,各组参数为:

①围压 2 MPa,进口气压 0.2 MPa,负压分别设定为 0 kPa、10 kPa、20 kPa、30 kPa,轴压加载之后接着卸载,观测记录渗流量。

②围压 2 MPa,进口气压 0.3 MPa,负压分别设定为 0 kPa、10 kPa、20 kPa、30 kPa,轴压加载之后接着卸载,观测记录渗流量。

③围压 2 MPa,进口气压 0.4 MPa,负压分别设定为 0 kPa、10 kPa、20 kPa、30 kPa,轴压加载之后接着卸载,观测记录渗流量。

④围压 3 MPa,进口气压 0.2 MPa,负压分别设定为 0 kPa、10 kPa、20 kPa、30 kPa,轴压加载之后接着卸载,观测记录渗流量。

⑤围压 3 MPa,进口气压 0.3 MPa,负压分别设定为 0 kPa、10 kPa、20 kPa、30 kPa,轴压加载之后接着卸载,观测记录渗流量。

⑥围压 3 MPa,进口气压 0.4 MPa,负压分别设定为 0 kPa、10 kPa、20 kPa、30 kPa,轴压加载之后接着卸载,观测记录渗流量。

⑦围压 4 MPa,进口气压 0.2 MPa,负压分别设定为 0 kPa、10 kPa、20 kPa、30 kPa,轴压加载之后接着卸载,观测记录渗流量。

⑧围压 4 MPa,进口气压 0.3 MPa,负压分别设定为 0 kPa、10 kPa、20 kPa、30 kPa,轴压加载之后接着卸载,观测记录渗流量。

⑨围压 4 MPa,进口气压 0.4 MPa,负压分别设定为 0 kPa、10 kPa、20 kPa、30 kPa,轴压加载之后接着卸载,观测记录渗流量。

在进行轴压的加卸载实验之前,要先进行一组煤样的轴压加载破坏实验,目的是找出煤样破坏的临界压力,进行实验时,轴压加载到临界压力之前就开始卸载,以防煤样被压坏。围压和进口气压没有特殊要求,可设定围压为 2 MPa,进口气压设定为 0.2 MPa,观测记录渗流量,当流量计示数突变时,说明煤样被压坏。

上述实验中,方案一可以得出在静载荷和瓦斯压力不变的情况下,抽采负压对构造煤煤体瓦斯渗透率的影响规律;方案二可以得出轴压加卸载动态变化过程与抽采负压的协同作用对构造煤煤体瓦斯渗透率的影响规律。

4.2.2 实验步骤

由于整个实验的加卸载过程是由微机电液私服系统控制,系统按照事先设定好的参数自动进行。

（1）实验前准备

如果实验仪进行过水渗透实验，那么做煤体瓦斯渗流实验前要进行排水。

① 上部渗流管路排水。

首先启动真空泵，然后缓慢调整上部管路相应阀门，待渗流管路排尽水后关闭各个阀门，最后关闭真空泵。

② 下部渗流管路排水。

打开瓦斯气瓶总阀门、调整气体减压阀使气压有少许压力（可为 0.1 MPa）；再缓慢打开气路阀门，水将从下压头排出；待下压头出水口排尽水后，关闭瓦斯气瓶总阀门、气路阀门。

开启计算机进入实验程序，程序界面如图 4-1 所示。

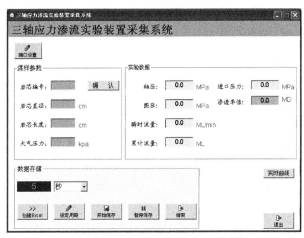

图 4-1　三轴应力渗流实验装置数据采集系统界面

（2）安装试样

首先将轴向加载杆升至顶部，以不影响压力室的拆卸，围压卸载完全，以便更容易把煤样放进压力室；然后拆下压力室，卸开压力室封盖，把煤样缓慢放进压力室适当位置，上紧封盖；最后安放在机架上。三轴压力室的煤样安装完成。

框中"岩芯编号"、"岩芯直径"、"岩芯长度"、"大气压力"中的内容手动输入，"轴压"、"围压"、"瞬时流量"、"累积流量"由系统自动采集，"渗透率"的值由事先编制好的计算程序自动给出，"采样频率"一般取默认值，此处"岩芯"指的是煤样，"大气压力"即为出口负压。

实验过程即可用操作台按钮来控制，也可用触摸控制屏来控制；实验前要将轴向载荷、变形、水和气流量等各项参数清零。

加压前，要先调节压力（轴压、围压）控制阀至所需压力值，当压力加载至此压力时,在传感系统的控制下压力便不再升高,以达到保护试样和机器以及达到所需实验应力要求的目的。另外,系统有恒压功能,以避免在长时间的实验过程中会出现压力下降的情况。

（3）压力室注油及加围压

启动液压泵站,打开压力室进油口和溢流口上的阀门,按下"围压增压"按钮,待溢流口有液压油溢出时,关闭上部的溢油口阀门。

继续按住"围压增压"按钮,围压便逐渐升高,达到所需压力值时,在传感系统的控制下,压力不再升高,在保压系统的控制下,保持所需压力值。

（4）气渗透压力及出口负压的调节

打开瓦斯气瓶总阀门,调整气体减压阀使气压达到所需压力,打开气路上的阀门,开启出口处的真空泵,调节出口气路阀门,观察真空表读数,直至所需气体负压。

由于仪器改装,初次使用,前期实验气密性检查尤其重要。在所有可能漏气的接口、缝隙处涂抹肥皂水,接着依次打开气路上的阀门,调节减压阀至适当气压,关闭出口处的阀门,观察有无肥皂泡产生,若无肥皂泡产生,即可初步排除明显漏气的情况;然后关闭气体钢瓶阀门,继续保持若干小时,气体压力表的示数若无明显下降,说明气密性良好。

（5）轴压加卸载

围压施加和气压调节完毕后,点击"开始保存"。接着按下"轴压升高"按钮,逐级施加轴压,加载到设定压力之后,再用同样的方式进行轴压的卸载,待整个试样加卸载完成后先点击"停止保存"按钮保存数据,关闭气路进口阀和瓦斯气瓶总阀门,调整气体减压阀为 0。

注意:三轴实验由于时间较长,采样频率可设置稍长一点(可设定为10),实验过程中采样速率窗口开放,可随时调整采样速率,实验操作过程中不必要的实验数据可按下"暂停保存",需要保存时再按下此按钮"继续保存",以节省计算机存储空间,否则文件过大不便操作。

（6）卸围压并排油

首先打开气路上相应的阀门,使内部气体排出,气压降低,以免在卸掉围压的过程中活塞杆冲出来伤到实验人员;然后打开压力室出油口阀门进行卸围压,待油液全部排出压力室后,再关闭溢流口的上阀门。压力室内油液排尽后,卸下压力室紧固螺栓。

（7）结束实验

将系统压力调至"0 MPa",关闭液压源、微机和电控单元,拆下试样。

4.3   本章小结

本章主要进行了煤体瓦斯渗流实验原理的阐述和实验方案的拟定。

　　构造煤受到复杂的地质作用,内部孔隙、裂隙结构和围岩应力都较复杂,采矿过程中的抽采负压和围岩应力的动态变化都会影响煤体的渗透率。煤体允许瓦斯通过的能力称为煤体瓦斯的渗透性,常规的三轴渗流实验是在出口为大气压的情况下测定的,此处对负压作用下煤体瓦斯渗透率的计算进行了推导说明。

　　根据实验原理、渗流设备特点和采矿现场的实际情况,设定了构造煤煤体瓦斯渗透性的实验方案,分为两大类:一是静载荷和定气体压力条件下,考察抽采负压对渗透率的影响;二是围压和气体压力恒定,对不同负压条件下,考察轴压的加卸载过程渗透率的变化情况。并详细说明了整个实验过程,实验是在微机伺服控制系统的控制下按照设定的参数进行的。

5 实验结果及作用机理分析

本实验所用的气源是 CH_4，纯度为 99.99%，瓦斯浓度越高，所测得的结果就越接近于煤矿井下瓦斯在煤体中的流动状态。瓦斯是一种极易爆炸的危险性气体，实验室中存放着许多电气设备，要保证设备和人员的安全，必须时刻监测实验室内瓦斯的浓度，一旦超标，立即停止实验。实验的整个过程要打开窗子，保持实验室内通风良好。利用改装后的三轴应力渗流实验设备系统，我们进行了 6 组静载荷和进口瓦斯压力不变条件下，出口负压的变化对构造煤煤体瓦斯渗流特性的影响实验；进行了 9 组围压和进口瓦斯气压不变、多组负压情况下，轴压的加卸载动态变化对构造煤煤体瓦斯渗流特性的影响实验。由于不知道所取煤样所能承受轴压的极限，做轴压的加卸载实验前要先对其进行一组破坏实验，找出煤样的破坏应力临界点，实验时逐步加载轴压至临界压力点之前的某一数值即开始卸载轴压。实验过程中同步记录渗流量的动态变化规律。

5.1 实验结果

5.1.1 静载荷条件下的实验结果

利用改装调试成功运行后的三轴应力渗流实验仪测试了多组围压不变、轴压不变和进口瓦斯气体压力不变而出口负压变化情况下流经煤样的瓦斯渗流量。然后通过推导得出的负压条件下的渗透率计算公式计算出渗透率，其结果见图 5-1。

由图 5-1 可以看出，在不同静围压、静轴压和一定进口瓦斯压力的条件下，构造煤煤体的瓦斯渗透率随着出口负压的增大而增大。另外，负压较低时，构造煤煤体的瓦斯渗透率随着负压增大的增幅较大；负压较高时，构造煤煤体的瓦斯渗透率随着负压增大的增幅较小；随着负压的进一步增大，渗透率的增量几乎趋于零。

通过观察不同组别之间的渗透率变化差异性，可以客观得知：在围压、轴压和瓦斯压力这些条件较高时，在负压的变化过程中构造煤煤体的总体瓦斯渗透率较低，总体增幅也较小；反之，当围压、轴压和瓦斯压力较低时，在负压的变化过程中，总体渗透率较高，总体增幅也较大。

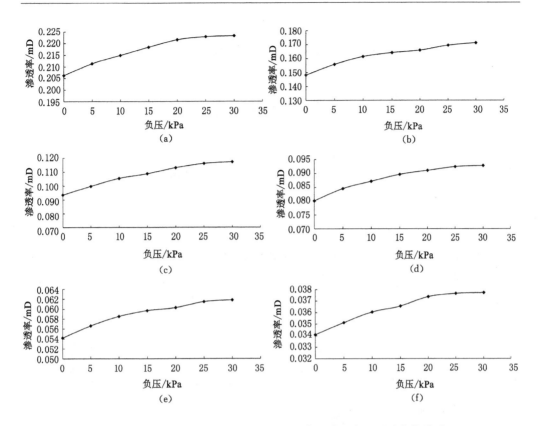

图 5-1　静载荷条件下抽采负压对构造煤瓦斯渗透率的影响变化关系

（a）围压 1.5 MPa、轴压 2 MPa、进口气压 0.2 MPa；（b）围压 1.5 MPa、轴压 2 MPa、进口气压 0.3 MPa；
（c）围压 2 MPa、轴压 3 MPa、进口气压 0.2 MPa；（d）围压 2 MPa、轴压 3 MPa、进口气压 0.3 MPa；
（e）围压 3 MPa、轴压 4 MPa、进口气压 0.2 MPa；（f）围压 3 MPa、轴压 4 MPa、进口气压 0.3 MPa

5.1.2　变载荷条件下的实验结果

为了准确测定构造煤煤样在加卸载过程中渗透率的变化特征，实验的整个过程煤样不能被压坏，必须控制在煤样破坏前就开始卸载轴压。所选取煤样能承受轴压的极限事先不知，因此做轴压的加卸载实验前要先对其进行一组破坏实验，找出煤样的破坏应力临界点，目的是在做轴压加卸载实验时，逐步加载轴压至临界压力点之前的某一数值即开始卸载轴压，以免煤样被压坏，确保正常进行卸载过程瓦斯渗流量测定。由以前对煤样试件的加载过程研究得知，当应力加载到煤体所能承受的极限应力时，煤样就会发生破碎，破碎后的煤样试件会产生大量的裂隙通道，瓦斯渗流量急剧增高，在轴压的加载过程中，如果观测到流量计示数突增，即认定此时所加载的轴压值为煤样破坏的临界应力值，测试结果见图 5-2。

由图 5-2 可知，构造煤煤样试件所能承受的临界应力值为 18 MPa，因此，在进行轴

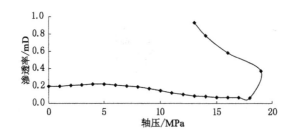

图 5-2 构造煤原煤试样应力极限测定图

压的加卸载实验时,要在轴压加载到 18 MPa 之前就要开始卸载,为确保煤样不被破坏,设定为 16 MPa。

利用改装调试成功运行后的三轴应力渗流实验仪测试了围压不变、进口瓦斯气压不变、出口负压设定多组不变情况的轴压加卸载过程中煤样的瓦斯渗流量。再通过推导出的负压条件下渗透率计算公式得出渗透率,测试结果见图 5-3。

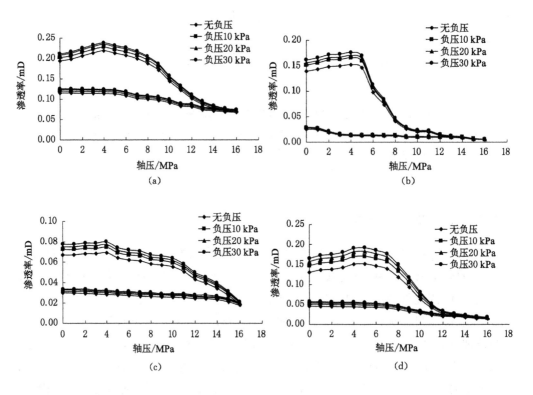

图 5-3 抽采负压条件下轴压的加卸载过程中构造煤瓦斯渗透率的变化规律

(a) 围压 2 MPa,进口气压 0.2 MPa;(b) 围压 2 MPa,进口气压 0.3 MPa;

(c) 围压 2 MPa,进口气压 0.4 MPa;(d) 围压 3 MPa,进口气压 0.2 MPa

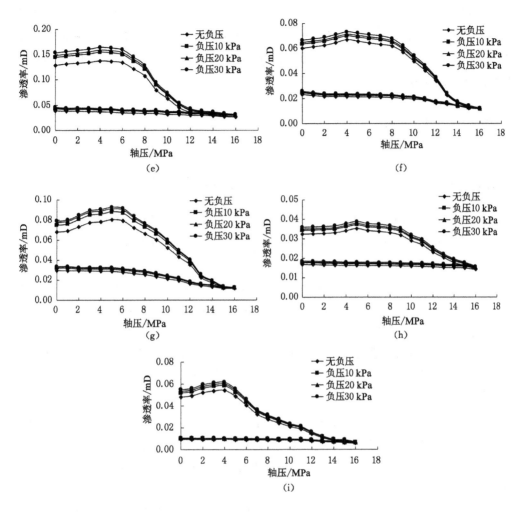

续图 5-3　抽采负压条件下轴压的加卸载过程中构造煤瓦斯渗透率的变化规律
（e）围压 3 MPa，进口气压 0.3 MPa；（f）围压 3 MPa，进口气压 0.4 MPa（g）围压 4 MPa，进口气压 0.2 MPa；
（h）围压 4 MPa，进口气压 0.3 MPa；（i）围压 4 MPa，进口气压 0.4 MPa

图 5-3 可以反映出构造煤煤样试件所受的围压一定、进口瓦斯压力不变以及设定某一出口负压。在此条件下，随着轴压的逐步加载，在轴压的加载初始压力时期，构造煤煤样的瓦斯渗透率有略微增大的趋势，达到某一极限值时不再增大；继而随着轴压的进一步增大，渗透率逐渐降低，而且随着轴压的增大，渗透率的降幅开始较大，随后降幅越来越小。当轴压加载到煤样临界破坏压力前所设定的压力数值时开始卸载轴压，构造煤煤样的瓦斯渗透率随着轴压的卸载逐渐增大，轴压逐渐卸载至零的整个过程中煤样渗透率的增幅变化不明显，难以观察。另外，最明显且最重要的一点是：渗透率的回升值达不到原煤煤样所没有进行加卸载之前的初始渗透率。

细观不同的组别,渗透率的变化存在差异性。围压和进口瓦斯压力较大时,渗透率增大到极限峰值所需加载的轴压值较大;在轴压的加卸载过程中,围压和进口瓦斯压力相同时,负压越大,煤样瓦斯渗透率总体较大;负压相同时,围压和气压越大,煤样瓦斯渗透率总体较小。

5.2 作用机理分析

5.2.1 静载荷条件下负压对构造煤瓦斯渗透特性的作用机理

静载荷条件指的是煤体所受的外界压力保持恒定值,进行煤体瓦斯渗流实验。

（1）围压、轴压一定,入口瓦斯气压也不变的条件下我们得出了:随着施加负压的增大,构造煤煤样的瓦斯渗透率逐渐变大。

究其原因,在一定的围压和轴压的条件下以及一定的气体压力驱使下,瓦斯气体可以通过煤体的空隙和裂隙连通通道发生流动。围压和轴压加载在煤样的外周及端部,其作用方向是向着煤体压向煤体,而气体贯通在煤体内部的裂隙当中,其压力方向是从煤样内部向外部膨胀作用的,两种作用效果是一种相互抵制的关系。轴压和围压不变时,使出口负压增大,负压的增大就相当于正压力的减小,进口瓦斯压力也是一定值,那么间隙气压[82-83](间隙气压取进口气压与出口气压的平均值)就会变小。间隙气压减小,内部瓦斯压力降低,煤体收缩,吸附的瓦斯要从煤体中解吸出来,微孔体积缩小,造成煤基质收缩,煤体内部的孔裂隙通道就会增大,煤体的瓦斯渗透率就会相应增高。同时,煤样内部向外的气体膨胀力也下降,缓解了与外部应力的抵制作用,有利于瓦斯气体的流通。

在煤矿井下,瓦斯抽采的采前预抽,就相当于此处所述的静载荷条件下的瓦斯抽采。煤体承受着一定的围岩压力,通过抽放泵施加给钻孔和管路适当大小的抽采负压,使煤体中的瓦斯在内部瓦斯压力和抽采负压的作用下不断抽至管路,排至地面,降低煤体瓦斯含量和瓦斯压力,达到预防煤与瓦斯突出的目的。

（2）负压比较低时,随着负压的增大,其渗透率增加幅度较大;当负压比较高时,渗透率的增幅越来越小,最终甚至趋于零,不再有明显的增加。

这种现象是因为,煤体在负压开始作用的阶段,处于一定围压、轴压和瓦斯压力的条件下,所加的负压使其原有的平衡状态突然改变,内部空隙气压骤然下降,瓦斯解吸,煤基质收缩的程度比较大,渗透性孔隙和裂隙通道增大越多,渗透率在初始负压的增大阶段增大就多。随着负压的继续增大,煤基质收缩是在前一步收缩的基础上进一步收缩,由于煤这种物质本身的性质,收缩程度不是随着气体压力成正比无限收缩,煤体骨架存在一定的硬度,在气压的作用下,有其一定的保持原有固体骨架的能力,那么渗流通道的增加就越来越少,渗透率随着负压的进一步增大增幅会越来越小,没有开始加负压时的增幅大。

在实际的煤矿井下抽采瓦斯的过程中,瓦斯抽放钻孔的抽采压力的经验数值为十几千帕[84-85],抽采泵的压力也并不是越大越好,负压增大到一定程度,煤体的瓦斯渗透率不见得有明显增大的迹象,而且抽放量的增大量与设备成本的投入增加量的经济效益不划算。

(3) 不同组别渗透率虽有所差异,总观各组,当围压、轴压和瓦斯气压较高时,煤体瓦斯渗透率总体较低,而且随着负压的增大,渗透率的增幅也总体较小。反之,渗透率总体较高,增幅也较大。其对应关系如图5-4所示。

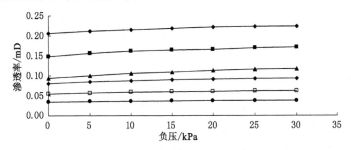

- 围压1.5 MPa,轴压2 MPa,气体压力0.2 MPa; -■- 围压1.5 MPa,轴压2 MPa,气体压力0.3 MPa;
- 围压2 MPa,轴压3 MPa,气体压力0.2 MPa; 围压2 MPa,轴压3 MPa,气体压力0.3 MPa
- □- 围压3 MPa,轴压4 MPa,气体压力0.2 MPa; -●- 围压3 MPa,轴压4 MPa,气体压力0.3 MPa

图 5-4 不同组别之间渗透率的对比关系图

这是由于当煤体所受的外部应力较大时,其被压缩的程度较大,内部的孔隙、裂隙被压密致实的程度就越大,连通孔裂隙被堵塞,瓦斯的渗流通道大大减少;瓦斯气体的压力较高时,煤基质膨胀的微孔体积增大的效果就越明显,造成通道孔隙压缩变少,渗流通道变得就非常少,煤体瓦斯的总体渗透率相对就会较低;反之,煤体瓦斯总体渗透率相对较高。所受围压、轴压以及气压较大时,煤体已有相当程度的压缩,那么在负压的增大过程中,其内部间隙气压减小,放散瓦斯的过程中,煤基质收缩的程度就相对减小,所以在较大外部应力存在的条件下,随着负压的增大,由煤基质收缩新增的渗流通道不多,渗透率增大的幅度较小。另外,可清楚地看到,在负压施加的初始时期,煤体受较大外部应力的作用时,渗透率一开始就变得较低;反之,受外部应力较小时渗透率增加幅度较大。

瓦斯抽采时,有的区域抽采效果较好,有的就不那么理想。煤层所受围岩的压力较大时,煤体受压收缩程度较严重,瓦斯压力较大,煤体非贯通性微孔体积膨胀较大,渗流通道减少,瓦斯渗透性相对较差,抽采负压的增大对于瓦斯在煤体中的渗透能力的增强没有围岩压力较小时效果好。因此,应综合考虑煤层所受压力和瓦斯压力来设定抽采负压的大小。

5.2.2 负压条件下变载荷对构造煤瓦斯渗透特性的作用机理

本小节介绍在出口负压的条件下,进行轴压的加卸载,观测并记录煤样的瓦斯渗流情况。

(1)在应力极限的测定中,轴压加载到 18 MPa 时,构造煤煤体试件的瓦斯渗流量突然猛增,即认为构造煤煤样试件所能承受的临界应力值为 18 MPa。

由于构造煤的内部结构排列非常疏松,极易破碎,当轴压加载到 18 MPa 时,瓦斯的渗流量突然猛增,紧接着轴压处于抖动的下降状态,这时的煤样已经被压坏破裂,即在轴压大约为 18 MPa 时,煤样已表现出破碎的特征;构造煤煤样在加工的过程中用手轻微一碰,即发生很严重的破碎,在轴压加载到极限值发生破碎时,渗流量陡增,应力急剧下降,这表明构造煤的受压破坏具有很明显的突发性,这是构造煤煤体易发生煤与瓦斯突出的根源所在。

在煤体的全应力—应变变化关系的研究中,尤其是在对煤体受轴向压力加载的实验中,加载轴压直至煤样破坏,客观地揭示了煤体受外力作用时瓦斯渗透能力改变的动态响应机制,国内外学者对此进行的研究不计其数,也得到一种共性的结论。

图 5-5 为原煤的应力—应变关系与瓦斯渗流量—应变关系曲线图[86],应力与渗流量之间存在着一定的内在关系,其变化关系可以分为五个部分:

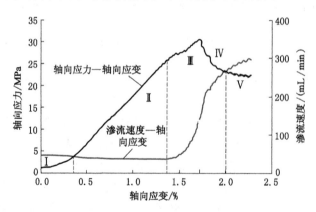

图 5-5 原煤应力—应变和渗流量—应变关系曲线

① 非线性压密阶段(Ⅰ阶段)——轴压增大,煤样试件刚度逐步增大,曲线斜率变大,内部孔、裂隙逐步闭合。孔隙率降低,就会致使贯通性孔隙变少,渗透性降低,进而引起渗流量变小。

② 线弹性变形阶段(Ⅱ阶段)——此时的煤体应力—应变接近于线性变化,内部的原生孔隙和裂隙更进一步闭合,内部结构还未发生损伤,未产生新的裂隙,此时只会发生弹性形变,这个阶段如果对其进行卸载,煤样可以恢复原来的形状。此阶段的瓦斯

渗流速度在逐渐变小。

③ 塑性变形(应变强化)阶段(Ⅲ段)——随着轴压的进一步增大,煤体试件内部产生很多连续的损伤演化,应变得到强化,产生塑性变形。原生的裂隙发生大量的扩展,在原有裂隙的基础上扩展产生了很多新的裂隙通道,致使瓦斯渗流量增幅较大。

④ 应力跌落阶段(Ⅳ阶段)——此时煤样的内部损伤已经从整体的连续性转变为局部损伤,使应力突然间下降,导致原来产生弹性形变的裂隙转变为弹性卸压形变,裂纹未发展到此地步时,应力承担较均匀,局部损伤产生后,应力几乎全部集中在这些局部的裂纹上。弹性势能的突然释放是导致煤与瓦斯突出事故易发的内在因素[86]。应力跌落宏观展现了煤体均匀分布的损伤向局部损伤演变以及均匀应变向局部应变的转变,是由裂纹扩展失稳所造成[87]。煤体失稳会产生大量的裂隙通道,瓦斯能够轻而易举流通,瓦斯渗流量出现一个陡然升高的区段。

⑤ 应变软化阶段(Ⅴ阶段)——煤样发生破坏后,裂隙扩展非常明显,造成应力的跌落,煤体强度骤然下降,这个时候仍然有少许微小的裂隙在发展,使煤体瓦斯渗流量仍然接着上升,但增幅越来越小,最终变化平缓。

(2)围压一定、瓦斯压力不变时,随着轴压的增大,渗透率先是表现出一定轻微程度的增大,然后随着轴压的进一步加载渗透率逐渐变小;在轴压卸载的过程中,渗透率逐渐回升,但是恢复不到其原本没有受载时的渗透率。

通过分析推理可知,轴压加载的初期,渗透率增高,是因为在一定的围压作用下,煤样在周侧方向上有一定的压密效果,轴压加载初始阶段,由于轴压的作用,抵消了煤体所受围压的束缚,在周测方向上有一定程度的裂隙开裂,轴向的压力可以等效于侧向的拉应力,致使渗透率呈现增大的变化趋势。随着轴压的进一步增大,煤体在轴向上被逐渐压密,轴向压密的过程会产生轴向压缩变形,那么在周侧方向上会产生或多或少的膨胀趋势效应,致使轴向和侧向的孔隙和裂隙开发度都在减小,这就是渗透率减小的内在原因。在轴压卸载的过程中渗透率回升,但是回复不到原本未受载荷之前的渗透率,这是因为在轴压的作用过程中,煤样发生了两种变化状态:弹性变形和塑性变形。显而易见,由于轴压的减弱,发生弹性变形的局部煤体受到的应力减小,被压缩后减小的渗流通道有回增的趋势;发生塑性变形的局部煤体在压力卸载之后就不能回复至原有的状态,渗透裂隙通道不能重新张开。

(3)渗透率的总体对比见图5-6。

由图5-6可知,围压和瓦斯压力较大时,渗透率增大到峰值所需轴压较大;围压和瓦斯压力一定,轴压加卸载过程中,负压越大,总体渗透率越大;负压一定时,围压和气压越大,总体渗透率越小。

造成这些现象的原因是:围压越大,煤体在侧向的压实程度就较严重,抵消围压作用使孔隙和裂隙重新张开所需要的轴压就越大,因此围压越大,渗透率增大到峰值所

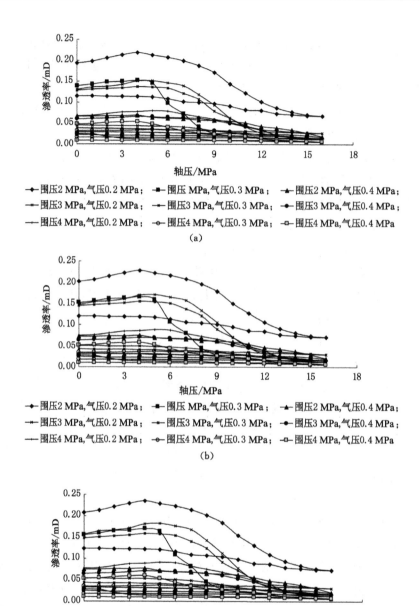

图 5-6　负压一定时而围压和进口气压不同时各组煤样的渗透率对比

(a) 无负压；(b) 负压 10 kPa；(c) 负压 20 kPa

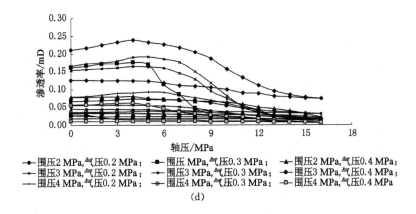

续图 5-6　负压一定时而围压和进口气压不同时各组煤样的渗透率对比

(d) 负压 30 kPa

需的轴压越大,瓦斯气压对其也有一定的影响,但相对于应力来说,作用甚微。当围压和瓦斯压力不变时,负压越大,在内部产生的间隙气压就越小,根据间隙气压与渗透率的关系,间隙气压越小,渗透率就越高,符合前人研究规律。负压不变时,围压和气压越大,煤样受应力挤压越强,那么负压协同轴压的加卸载在改变煤体瓦斯渗透特性的时候,所需要改变渗透通道的能量就越大,所以导致负压一定时,围压和瓦斯气压越大,煤样总体渗透率较小。

5.3　本章小结

本章主要叙述了构造煤在抽采负压作用下,静载荷和变载荷条件下的瓦斯渗流规律,并分别对构造煤在负压作用下的静载荷和变载荷条件下的作用机理进行了分析论述。

静载荷条件下负压对构造煤瓦斯渗透率的作用:

(1) 在不同静围压、静轴压和一定进口瓦斯压力的条件下,构造煤煤体的瓦斯渗透率随着出口负压的增大而增大。另外,负压较低时,构造煤煤体的瓦斯渗透率随着负压增大的增幅较大;负压较高时,构造煤煤体的瓦斯渗透率随着负压增大的增幅较小;随着负压的进一步增大,渗透率的增量几乎趋于零。

(2) 当围压、轴压和瓦斯压力这些条件较高时,在负压的变化过程中,构造煤煤体的总体瓦斯渗透率较低,总体增幅也较小;反之,当围压、轴压和瓦斯压力较高时,在负压的变化过程中,总体渗透率较高,总体增幅也较大。

负压作用下应力加卸载过程中构造煤瓦斯渗透特性:

(1) 构造煤煤样试件所能承受的临界应力值为 18 MPa,因此,在进行轴向的加卸载实验时,要在轴压施加到 18 MPa 之前就要开始卸载,为确保煤样不被破坏,设定为

16 MPa。

（2）构造煤煤样试件所受的围压一定、进口瓦斯压力不变以及设定某一出口负压。在此条件下，随着轴压的逐步加载，在轴压的加载初始压力时期，构造煤煤样的瓦斯渗透率有略微增大的趋势，达到某一极限值不再增大；继而随着轴压的进一步增大，渗透率逐渐降低，而且随着轴压的增大，渗透率的降幅开始较大，随后降幅越来越小。当轴压加载到煤样临界破坏压力前所设定的压力数值时开始卸载轴压，构造煤煤样的瓦斯渗透率随着轴压的卸载逐渐增大，轴压卸载的初期，煤样渗透率的增幅较大；在轴压逐渐卸载至零的过程中，渗透率的增大幅度越来越小。另外，最明显且最重要的一点是，渗透率的回升值达不到原煤煤样没有进行加卸载之前的初始渗透率。

（3）围压和进口瓦斯压力较大时，渗透率增大到极限峰值所需加载的轴压值较大；在轴压的加卸载过程中，围压和进口瓦斯压力相同时，负压越大，煤样瓦斯渗透率总体较大；负压相同时，围压和气压越大，煤样瓦斯渗透率总体较小。

6　构造煤与硬煤煤样瓦斯渗透性影响因素分析

本书实验为了保证实验所得结果尽量与井下瓦斯在煤层中的流动相似,通入煤样的气体为纯度99.99%的甲烷气体。由于瓦斯为易爆炸性危险气体,并且在实验室中有很多电气设备,为了保证在实验过程中人员的安全,要时刻监测瓦斯浓度,实验过程中实验室的窗户保持打开。实验选取的测定围压分别为2 MPa、3 MPa和5 MPa,充入气体压力分别为0.4 MPa、0.8 MPa和1.2 MPa,测试煤样分别为国投新登矿构造软煤原煤和大宁煤矿硬煤原煤,实验组合3×3×2,共18组。

6.1　实验结果

根据以上的分组实验,严格按照设计的实验方法及步骤,测试出了通过煤样的瓦斯气体流量,然后根据实验室测定瓦斯渗透率的计算公式,得出的瓦斯渗透率实验结果见表6-1。

表 6-1　　　　　　构造煤原煤样与硬煤原煤样渗透率测试实验结果

	气体压力/MPa	围压 2 MPa 下渗透率/mD	围压 3 MPa 下渗透率/mD	围压 5 MPa 下渗透率/mD
新登矿软煤样	0.2	0.203 85	0.138 2	0.086 97
	0.4	0.130 2	0.068 076	0.040 52
	0.6	0.127 44	0.047 79	0.025 23
大宁煤矿硬煤样	0.2	0.068 78	0.061 54	0.047 56
	0.4	0.056 544	0.047 988	0.025 76
	0.6	0.052 935	0.025 648	0.016 621

6.2　瓦斯气体压力一定时围压对瓦斯渗透性的影响

根据以往的研究,围压对瓦斯渗透性的影响比较大,因此,对围压的影响进行了多组实验,固定瓦斯气体压力,观测在不同的围压下瓦斯渗透率的变化,轴压梯度为2 MPa、3 MPa、5 MPa。实验结果表明,围压对 3 种不同煤样的影响既有共同性,也有差异性。在瓦斯气体压力一定的情况下,围压对两种煤样的瓦斯渗透性的影响如图 6-1 所示。

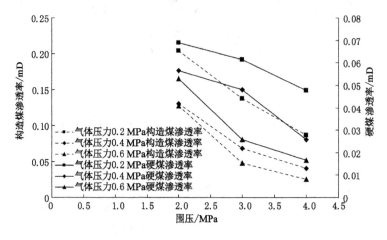

图 6-1　固定瓦斯压力下渗透率随围压的变化

由图 6-1 可知,在气体压力一定的状态下,无论构造煤原煤还是硬煤原煤煤样的瓦斯渗透率都随着煤样围压的增大而减小。对煤样增加围压使渗透率减小的原因主要有两个方面:

(1) 增加围压将整个煤样煤体压密压实,使得其内部空隙、裂隙闭合,阻塞了空隙间,裂隙间及空隙、裂隙之间的连通通道;

(2) 煤样在一定的压力下,煤体被压实压密,使得煤体承受破坏变形能力增大,新的裂隙、空隙难以形成。

在煤矿现场,煤层所受的矿压是实验室围压模拟对象,煤矿生产实践的经验与此次实验室得出的结论一致。在煤矿一线,处于应力集中带的煤层煤体瓦斯压力普遍大于非应力集中带,并且这些地带的煤体透气性差,容易造成瓦斯富集,并且由于容易与此区域相邻的非应力集中区域形成应力梯度的急剧变化,在煤矿开采此处煤层过程中,容易发生煤与瓦斯突出事故。在目前的瓦斯治理方法中,许多治理低透气性煤层的方法都是通过卸压增透原理来实现的,如水力压裂、水力冲孔、高压水射流等,目的在于将煤层的应力集中带通过卸压转换为非应力集中带,增加煤层透气性来降低突出危险性。

从图 6-1 中还可以看出,构造煤的瓦斯渗透性受围压的影响与硬煤原煤样的渗透率变化量有一定的差别,构造煤在气体压力不变围压从 2 MPa 增大到 5 MPa 时,瓦斯渗透率普遍下降了 70% 以上,而硬煤原煤样的瓦斯渗透率则一般只下降了 45% 左右,这就说明围压变化对构造煤瓦斯渗透性的影响要大于其对硬煤原煤样的影响。由于构造煤在其漫长的形成过程中受到强烈的地质构造作用而使其内部结构产生了破碎、揉搓等形式的构造变动,在此过程中也使得构造煤内部形成了大量的微孔、小孔、中孔、大孔等空隙裂隙结构,而硬煤与之相比而言,在形成过程中由于受到的地质作用比较少,内部空隙裂隙结构比构造煤要少得多,也就是说,构造煤煤样的孔隙裂隙发育程度要大于硬煤煤样。在煤样受到围压压缩时,内部孔隙裂隙等瓦斯流动通道多的煤样更容易发生孔隙裂隙等结构的闭合,因而在增大围压时容易造成瓦斯渗透率显著减小。而硬煤煤样由于本身承受围压的能力比构造煤要强,并且内部结构以微孔、小孔等孔隙结构居多,渗透率本身就比较小,在增大围压时渗透率的变化量就会显得不会与构造煤一样显著。这就从微观结构上说明了构造煤的瓦斯渗透率下降的幅度要大于硬煤的原因。

6.3　围压一定时气体压力对瓦斯渗透性的影响

为了研究气体压力对瓦斯渗透性的影响,将围压固定,采用从各个围压梯度通入不同压力的瓦斯气体的方法,实验分析的结果如图 6-2 所示。由图 6-2 可以看出,气体压力对 3 种煤样瓦斯渗透性的影响既有一般的共性特征,又有差异性,下面分开进行分析。

瓦斯在煤层中未受采动影响时,在煤层中要受到上覆岩层压力的作用,这个压力主要取决于顶板及上覆岩层密度及其厚度,而与时间的推移无关(不发生地质活动破坏岩层的情况下)。煤矿在抽放煤层瓦斯的过程中,上覆岩层对瓦斯的压力是固定不变的,而随着瓦斯抽放的进行,瓦斯气体压力逐渐减小。上覆岩层在此过程中对煤层的有效覆压不断增加,瓦斯释放解吸的同时使得煤层本身收缩,增加了瓦斯的渗流通道。

本节实验室进行的保持煤样围压不变,通过改变气体压力梯度来研究瓦斯渗透性的动态变化的实验,模拟的是上述瓦斯抽放过程。根据前人的理论研究,在这种情形下,影响煤样瓦斯渗透性的因素主要有两个:(1) 煤体内的有效应力,煤体的有效应力增大,会造成煤样渗透性降低;(2) 煤体由于瓦斯的释放解析会造成自身的体积收缩即煤基质收缩,煤基质收缩会造成煤样瓦斯渗透性的增大。当外部作用于煤体的应力保持不变时,煤体内瓦斯压力的降低,会导致煤体内有效应力的增大,进而造成煤体瓦斯渗透性的降低;同时,由于在此过程中瓦斯不断释放解析,瓦斯压力在减小,导致了煤体的基质收缩,而此因素会造成瓦斯渗透性的增大。在煤样所受围压不变时,有效应力和煤基质收缩同时对煤样的渗透性造成影响,并且这两个因素的影响是相反的,这种情况下,若有效应力占主导地位,就会导致煤样渗透性减小;若煤基质收缩占主导地位,就会导致煤样瓦斯渗透性增大。

由图 6-2 可以得出,在围压一定的状态下,无论构造煤原煤还是硬煤原煤煤样的瓦斯渗透率都随着煤样通入气体压力的减小而增大。这说明在本实验所选取的条件下，随着通入瓦斯气体压力的降低，煤样吸附的瓦斯量的减少，煤体内部的基质收缩对煤样渗透性的正效应占据主导地位，造成了煤样瓦斯渗透性的增大。根据相关文献，煤体内部的基质收缩占据主导地位发生在通入瓦斯压力小于 1 MPa 的范围内，在 $p<0.8$ MPa时煤样渗透率受基质收缩的影响更为明显，因此，实验结论与前人研究的结论基本一致。由于受实验室条件的限制和煤样的制作所需时间较长，只选择了 0.2 MPa、0.4 MPa、0.6 MPa 3 个气体压力梯度，没有能测到 0.6 MPa 以上气体压力的渗透性数据，但是从实验数据分析的结果来看，不论是硬煤还是软煤原煤样，渗透率在瓦斯压力为 0.6~0.4 MPa 区间内的增加量普遍小于 0.4~0.2 MPa 减小的渗透率增加量。

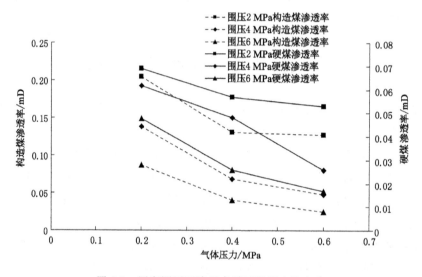

图 6-2　固定围压下渗透率随瓦斯压力的变化

　　由图 6-2 中还可以清晰地看出，在围压一定、气体压力变化的情况下，构造煤煤样的瓦斯渗透率的变化特征与硬煤煤样的变化特征存在一些差异性。构造煤原煤样在瓦斯压力从 0.6 MPa 减小到 0.2 MPa 的过程中，瓦斯渗透率平均增大了 270% 左右，而硬煤原煤样在这个过程中瓦斯渗透率只是平均增大了 200% 左右。说明构造煤由于其特殊的内部结构，在此过程中煤体自身发生的基质收缩程度要大于硬煤原煤样，致使构造煤原煤样瓦斯渗透率的增大量大于硬煤原煤样。

6.4　煤样的层理结构对瓦斯渗透性的影响

　　在煤矿现场瓦斯抽放中，瓦斯抽放孔的布置对抽放率的影响十分关键，抽放孔的布置一般要考虑煤层的空隙裂隙结构，原因是在抽放时是为了更好地利用煤层中原有

的瓦斯流动通道来提高抽放率。因此在本书中,我们设计了一个测试煤样的层理结构
对瓦斯渗透率的影响的实验以便更好地研究煤层的空隙裂隙结构对煤层渗透性的
影响。

从前人的研究成果来看,煤层的孔隙裂隙结构对煤层的透气性有着至关重要的影
响。孔隙裂隙结构越发达,煤层的透气性越高,孔隙裂隙结构对于煤层透气性来说是
正效应,为了更好地研究煤体的层理结构对构造煤瓦斯渗透性的影响,利用瓦斯渗透
性装置对国投新登构造煤煤样在顺层理方向上进行了渗透性测定,然后又在垂直于层
理的方向上进行了渗透性测定。实验的结果如图 6-3 所示。

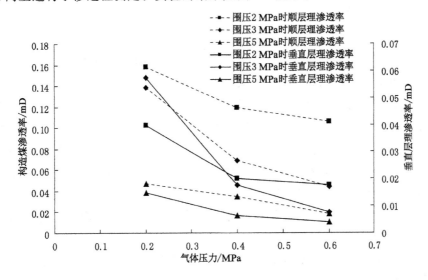

图 6-3   固定围压下渗透率随层理结构的变化

由图 6-3 可以看出,在保持煤样围压不变、不加载轴压的过程中,构造煤的瓦斯渗
透率在顺层理方向上要普遍大于垂直层理方向上的渗透率。

在煤层形成的漫长过程中,由于地质构造作用,煤层中物质成分、煤粒大小、外形
色泽等会在一个方向上或其他方向上发生改变,在这些因素改变的过程中会产生一些
纹理,这些纹理称为煤层层理。煤层层理厚度一般能达到几厘米甚至几米,其横向长
度范围很广,长的可以达到几千米,短的只有几厘米。煤层层理结构是研究煤层经历
地质构造形成历史的重要依据。根据实验结果,构造煤煤层的瓦斯渗透性在层理方向
上最大,在垂直于层理方向上的瓦斯渗透性与层理方向上相比差距很大。并且在实验
的过程中,对瓦斯渗透性有影响的围压、轴压都保持不变,通入煤样的气体压力也很接
近,使得煤样的吸附瓦斯量基本上可以认为是相同的,因此,可以认为由于构造煤煤样
的层理结构的不同,造成了不同煤体的瓦斯渗透性的差异性。

构造煤在其漫长的形成过程中,由于受到多种地质作用的综合结果,会在煤层中
形成大量的孔隙裂隙甚至是裂缝这样的瓦斯流通通道,在垂直于层理的方向上由于煤

层长期受到顶底板特别是上覆岩层的压力,会导致这些裂隙孔隙被破坏掉;而沿着层理方向上却没有这样的来自岩层的压力,因此沿着层理方向上的内部裂隙孔隙通道更容易得以保存下来,并且有与煤层在垂直于层理方向上的裂隙孔隙通道也有可能转化成顺层理方向上的气体流动通道。综上所述,煤层在顺层理方向上的瓦斯流动孔隙裂隙通道要远远多于垂直于层理方向上的孔隙裂隙通道,而孔隙裂隙对于瓦斯渗透性的影响属于正效应,即孔隙裂隙越多瓦斯渗透性越大。因此,构造煤在顺层理方向上的瓦斯渗透性要远大于在垂直层理上的瓦斯渗透性。

6.5 本章小结

通过对构造煤及硬煤两种原煤样进行瓦斯渗透性实验,并对利用达西定律计算出来的实验结果进行分析,得出了以下结论:

(1)在通入瓦斯压力相同的情况下,两种煤样的瓦斯渗透率都随着围压的增大而减小,围压是通过使得煤样内部原始孔隙裂隙闭合,而且煤样被围压压实,新的裂隙孔隙结构难以形成,从而使得煤样的瓦斯渗透率减小。从实验中还可以得出,围压变化对构造煤瓦斯渗透性的影响要大于其对硬煤原煤样的影响,这主要是由于构造煤在其漫长的形成过程中,地质作用使其内部形成了大量的孔隙裂隙结构,而硬煤内部孔隙裂隙结构比构造煤少得多,且以微孔、小孔等结构居多。内部孔隙裂隙等瓦斯流动通道多的煤样更容易发生孔隙裂隙等结构的闭合,因而构造煤煤样在增大围压时容易造成瓦斯渗透率的显著减小;硬煤煤样本身渗透率就小,而且其承受围压能力要比构造煤强,因此在增大相同围压时硬煤煤样的瓦斯渗透率的减小量就要比构造煤小。

(2)在煤样围压保持恒定的情况下,两种煤样的瓦斯渗透率都随着通入瓦斯气体压力的减小而增大。说明在本实验所选取的条件下,随着通入瓦斯气体压力的降低,两种煤样煤体内部的基质收缩对煤样渗透性的正效应占据主导地位,导致煤样瓦斯渗透性的增大。在气体压力减小量相同的情形下,构造煤的瓦斯渗透率的增大量要大于硬煤原煤样的增大量,说明构造煤由于其特殊的内部结构,在此过程中煤体自身发生的基质收缩程度要大于硬煤原煤样,致使构造煤原煤样瓦斯渗透率的增大量大于硬煤原煤样。

(3)由于构造煤煤层在顺层理方向上的瓦斯流动孔隙裂隙通道要远远多于垂直于层理方向上的孔隙裂隙通道,构造煤在顺层理方向上的瓦斯渗透性要远大于在垂直层理方向上的瓦斯渗透性。

7 应力加卸载过程中的瓦斯渗透性动态变化分析

利用改进后的三轴应力瓦斯渗透性实验装置分别对构造煤原始煤样和硬煤原始煤样进行实验研究。在保持围压和气体压力不变的情况下,对两种煤样分别进行加载轴压,由于实验煤样的承载轴压极限值实验前没有掌握,先选取构造煤和硬煤原煤样各一组进行破碎性实验,找出两种煤样的破碎点轴压;找出两种煤样所能承受的极限轴压以后,再对两种煤样进行加载实验,加载至所能承受的极限轴压后,逐步卸载轴压至零。在此过程中,观测分析两种煤样的瓦斯渗透率的动态变化规律。

7.1 构造煤与硬煤原煤样的承载应力极限测定

为了更好地研究两种煤样在卸载过程中瓦斯渗透性的动态变化规律,需要在煤样破碎前进行应力卸载,因此需要找到这个应力极限值。利用自行改造设计的瓦斯渗流装置对构造煤原煤样和硬煤原煤样进行逐步加载轴压,根据以前对硬煤煤样加载过程的研究,煤样在应力加载到其所能承载的极限应力后发生破碎,破碎后煤样内部产生大量裂隙孔洞,进而瓦斯渗透性急剧升高,并在此后保持基本稳定,煤样试件瓦斯渗透性开始急剧升高的这个应力值可认为是煤样所能承受的极限应力。

利用渗透性实验装置对两种煤样分别进行实验,实验过程中保持气体压力稳定不变,在加载轴压过程中利用溢流阀保持围压不变,对两种原煤样进行逐步加载轴压直至煤样破碎,由于煤样所能承受的应力极限与通入瓦斯气体压力的关系不是很明显,选择气体压力 0.4 MPa、围压 3 MPa 时进行测定,实验结果如图 7-1 所示。

由图 7-1 所示实验结果可以看出,构造煤煤样由于其内部结构松散、松软易碎,在轴压加载到 16 MPa 时,瓦斯渗透性猛然增大,并在此以后轴压处于下降阶段,说明煤样已经破碎,即在轴压大约加载到 16 MPa 时便已经表现出破碎的特征。硬煤煤样内部结构致密,用手使劲掰也难以掰断,而构造煤煤样用手轻轻一碰,便已经破碎,硬煤煤样在轴压加载到 28 MPa 时,瓦斯渗透性陡然增大,说明硬煤煤样此时已经破碎,即硬煤煤样在加载到大约 28 MPa 时才表现出破碎的特征。只不过构造煤煤样在破碎的

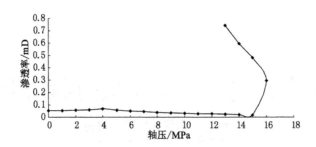

图 7-1　构造煤原煤样承受应力极限测定图

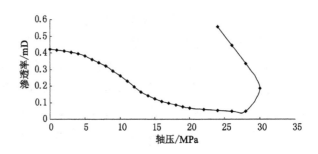

图 7-2　硬煤原煤样承受轴向应力极限测定图

瞬间瓦斯渗透率的增大量要远远大于硬煤在破碎瞬间的增大量,且在破碎后应力迅速下降,这表明构造煤煤样结构的破坏更具有突发性,从而使发生瓦斯突出的可能性大大提高,这也从理论上说明了为什么构造煤更容易发生煤与瓦斯突出事故。因此,可以近似地认为构造煤原煤样所能承受的极限应力为 16 MPa,硬煤原煤样所能承受的极限应力为 28 MPa。

　　对煤体应力—应变关系全程进行研究,对煤体在受到轴向应力的作用下直至破坏的过程的煤样状态进行研究,能很好地为这个过程中瓦斯渗透性的动态变化提供理论解释,因此国内外研究人员对此破坏过程进行了很广泛的研究,也形成了一定的共识。

　　如图 7-3 所示,实验所用的构造煤、硬煤原煤样的应力—应变曲线可能在应力峰值的出现等方面会存在一定的差别,但是两种煤样的应力—应变曲线基本上都可以分为以下四个过程:

　　① 孔隙裂隙非线性压密阶段(OA 段)——该阶段实验所用煤样中的原有张开性孔隙裂隙结构面及微裂隙孔隙慢慢在应力的作用下闭合,煤样被应力压密,但此过程是一个非线性变形阶段,在曲线图上就显示为上凹形。在此阶段,曲线是一个递增过程但是曲线的斜率逐渐变小,这说明随着应力的不断加载,要发生同等量变化的应变所需要加载的应力是增大的。在这个初期非线性变形阶段,原煤样的横向体积膨胀不

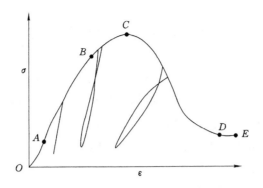

图 7-3　煤样的全应力—应变曲线

明显,表现为不能使围压变大,溢流阀几乎起不到作用,但整个煤样的体积是在随着应力的增大而逐渐减小。这个阶段变形特征对于像裂隙孔隙结构发达的煤样来说变形明显,对于一些结构致密、内部孔隙裂隙比较少的坚硬煤样,其变形不是很明显,有时甚至不会显现变形。

②　弹性变形阶段(AB 段)——该曲线的斜率几乎以同一数值延续,几乎接近于一条直线,此阶段应力与应变的关系近乎呈线性关系,测试此阶段的弹性模量接近于常量,并且此阶段的变形在载荷卸载以后大部分能恢复到原来的状态。但是在此过程中也会存在很小一部分塑性变形,塑性变形在载荷卸载后很难再恢复到加载前的状态。在弹性变形阶段,受加载载荷的煤样内部的原始裂隙孔隙结构进一步受到挤压而产生闭合,由于载荷的增加,实验煤样的内部可能会发生一些微弹性裂隙,即由于煤样的颗粒内部和颗粒之间发生移动而造成一定的不可恢复的塑性变形。

③　塑性变形阶段(BC 段)——B 点是煤样受载荷从弹性变形变为塑性变形的转折点,在岩石力学上称为屈服应力点,相应地将对应于屈服应力点的应力称为该煤样的屈服应力,一般情况下屈服应力约为煤样最大承受载荷的 2/3。在这个阶段,煤样内部的裂隙孔隙结构发生了质的变化,煤样内部破裂一直发展,直至应力增加致使煤样完全破坏。煤样自身由前两个阶段的体积压缩逐渐转变为扩容,轴向应变及体积应变变化速率快速增加,曲线图上的最大应力点称为峰值强度,也称为煤样所能承受的最大轴向应力。

④　破裂后软化破坏阶段(CD 段)——应力峰值强度以后,煤样已经不能再承受更大的应力,此时煤样的内部结构已经发生了破坏,应力—应变曲线的斜率也变为负值。在这个阶段,煤样内部的孔隙裂隙由于应力的作用快速发展,这些新形成的裂隙孔隙结构与原始瓦斯流动通道相互交叉并且联合形成了一定的大的断裂面。在此以后,煤样的变形就主要表现为煤样沿着断裂面的煤块错动,由于煤样与其他多孔介质材料不同,当应力达到峰值强度之后,煤样仍能承受一定的载荷。

7.2 两种煤样的加卸载过程中的渗透性变化对比分析

根据已经测定的煤样所能承受的极限应力，先对煤样进行逐步加载，由于构造煤所能承受的极限应力比较小，每次加载的梯度选择为 1 MPa，即实验中每次增加轴压为 1 MPa，利用流量计进行流量测试，每个应力梯度一般读数 5～6 min（视情况而定）直至从实验装置中流出的瓦斯气体流量稳定了以后再进行下一个应力梯度的实验。应力加载至构造煤煤样所能承受的极限应力以后进行卸载，卸载的过程中应力梯度可以选择为 1 MPa，应力快卸载到 0 MPa 时或者每次卸载 1 MPa 流量几乎没有变化时可以选择每次卸载应力 2 MPa 甚至更大，卸载过程中的读数方式与加载过程相同，待流量稳定了以后再开始下一个应力的卸载实验，应力卸载至 0 MPa，采集完所有实验数据后，这个构造煤煤样的实验结束。

由于硬煤煤样所能承受的极限应力比较大，每次加载的梯度可以选择为 1 MPa 或者 2 MPa。如果加载过程中每次增加应力 1 MPa，瓦斯气体流量变化比较明显，可以选择应力梯度为 1 MPa。如果每次增加应力 1 MPa，瓦斯气体流量几乎没有变化，则增加至 2 MPa，待瓦斯气体流量稳定后，用流量计采集实验流量数据，上述过程直至应力加载至硬煤煤样所能承受的极限应力。当应力加载至极限应力后开始卸载应力，卸载梯度的选择与构造煤煤样的选择方法相同，应力卸载后读数 5～6 min 直至瓦斯气体流量稳定后进行采集数据，采集完这个轴压下的气体流量后进行下一个轴压下的数据采集，最终直至轴压降至 0 MPa，采集完所有实验数据后，该煤样的实验结束，开始下一个煤样的实验。

最后根据实验所得出的实验数据，研究分析应力加卸载过程中煤样的渗透率的动态变化规律，本书加卸载过程中实验结果如图 7-4 所示。

从图 7-4 所示的实验结果来看，构造煤煤样与硬煤煤样在加卸载过程中瓦斯渗透性的变化既有相似之处，也有不同之处。

7.2.1 两种煤样加卸载过程中渗透性变化的共性特征

对两种煤样进行的实验是加载到煤样最大承载极限后卸压，相当于煤样在经过孔隙裂隙非线性压密阶段、弹性变形阶段及塑性变形阶段后在煤样破坏前卸载应力，在应力—应变曲线图上相当于应力只是加载到 C 点就进行卸载。在实际实验中，由于担心煤样自身的差异性，所加载的轴向应力没有到达最大承载极限就不再进行加载，也就是说，在实验中，相当于煤样在加载过程中只经历了孔隙裂隙非线性压密阶段、弹性变形阶段和塑性变形初期这几个阶段后就进行了轴向应力的卸载。

从实验数据显示的结果来看，无论是构造煤煤样还是硬煤原煤样在加载轴压的过

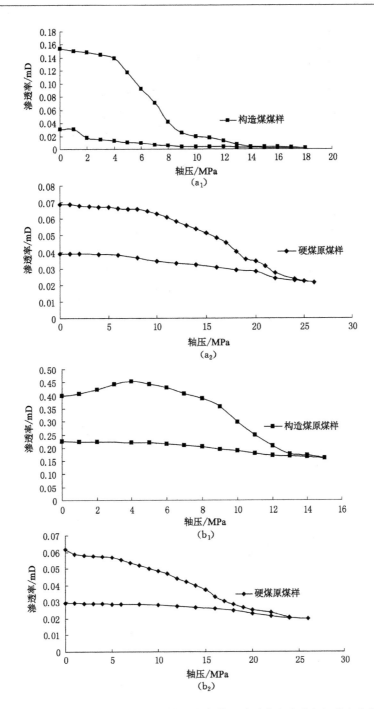

图 7-4　两种原煤样在不同围压和气体压力条件下渗透率和应力加卸载变化曲线

（上方曲线为加载过程，下方曲线为卸载过程）

（a）围压 2 MPa，气体压力 0.2 MPa；（b）围压 3 MPa，气体压力 0.2 MPa

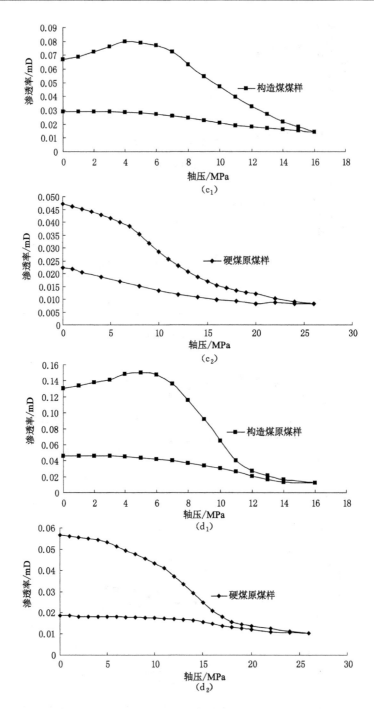

续图 7-4　两种原煤样在不同围压和气体压力条件下渗透率和应力加卸载变化曲线

（上方曲线为加载过程，下方曲线为卸载过程）

（c）围压 5 MPa，气体压力 0. 2MPa；（d）围压 2MPa，气体压力 0. 4 MPa

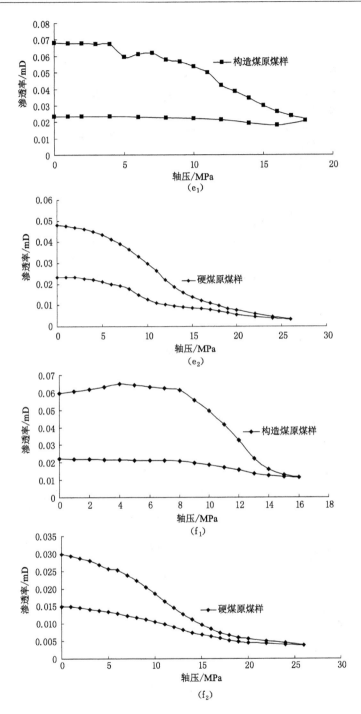

续图 7-4　两种原煤样在不同围压和气体压力条件下渗透率和应力加卸载变化曲线
（上方曲线为加载过程，下方曲线为卸载过程）

（e）围压 3 MPa，气体压力 0.4 MPa；（f）围压 5 MPa，气体压力 0.4 MPa

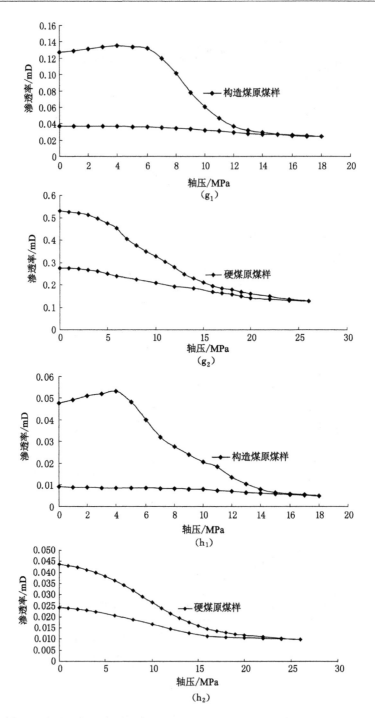

续图 7-4　两种原煤样在不同围压和气体压力条件下渗透率和应力加卸载变化曲线

（上方曲线为加载过程，下方曲线为卸载过程）

（g）围压 2 MPa，气体压力 0.6 MPa；（h）围压 3 MPa，气体压力 0.6 MPa

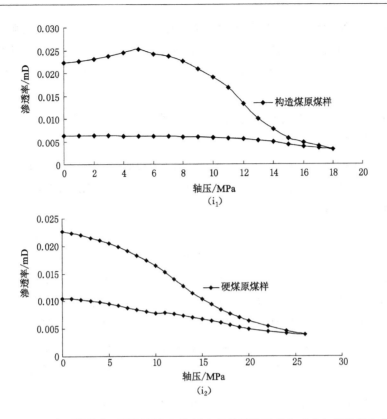

续图 7-4 两种原煤样在不同围压和气体压力条件下渗透率和应力加卸载变化曲线

（上方曲线为加载过程，下方曲线为卸载过程）

(i) 围压 5 MPa，气体压力 0.6 MPa

程中它们都表现出一些相同的特点：

① 在保持围压和气体压力不变的情况下，渗透率最小值与加载轴向应力的峰值几乎同时出现，煤样瓦斯渗透率的动态变化与轴向应力的加载有着极为密切的关系。总的趋势是随着轴压的增加，渗透率减小，并且在加载应力到极限应力时渗透率达到最小值。

② 在应力卸载过程中，随着轴压的卸载，渗透率逐渐增大，但是在轴压卸载至 0 MPa 时，渗透率并没有完全恢复到轴压加载前的值，而且在渗透率恢复增大的过程中相比加载阶段此时的渗透率变化更为平缓。

无论是构造煤原煤样还是硬煤原煤样，其内部都存在一定的原始裂隙孔隙等瓦斯流动通道。实验过程中气体压力保持不变，围压也由溢流阀维持不变，而煤样中所含有的孔隙裂隙等瓦斯流动通道是一定的。随着轴压的不断加载，煤样在垂直于截面方向上的长度在减小，而截面面积由于围压的一定而并不发生改变，即煤样的体积随着轴向应力的加载是在不断减小的。在其体积不断减小的过程中，煤样内部的裂隙空隙等瓦斯流动通道受到挤压,虽然煤样在受到挤压以后可能会产生新的裂隙孔隙,但是新产生的孔隙裂隙与煤层原始的裂隙孔隙相比,对瓦斯渗透率的影响要小得多,毕竟在煤样压缩过程中,新形成的裂隙孔隙是有限的。因此煤样中的裂隙孔隙等瓦斯流动通道在轴压不断增加的过程中通行瓦斯的能力是在不断减小的,这就造成了瓦斯渗流实验数据的减小及瓦斯渗透率的逐步减小,在轴压加载到煤样所能承受的极限应力时,煤样的瓦斯渗透率达到最小值。

随后在轴压的卸载过程中同样由于气体压力,煤样所受的围压都保持不变,煤样的体积处于不断增大的过程,在加载过程中受到轴压挤压而闭合的孔隙裂隙,随着轴压的逐步卸载而又重新张开使得瓦斯气体再次可以从这些孔隙裂隙中通过,造成了此阶段中瓦斯渗透率不断增大。但是在应力卸载至 0 MPa 时,两种煤样的瓦斯渗透率都没有恢复到轴压加载前的状态,比轴压加载前的渗透率都要小很多,这就说明了煤样内部的部分孔隙裂隙结构发生了不可逆转的变化,瓦斯渗透率增大量说明了两种煤样内部的孔隙裂隙结构都有一部分发生了可逆转的闭合,但是渗透率恢复的比初始要小得多,这说明在应力加载过程中煤样内部的孔隙裂隙结构发生可逆转的闭合的只是占煤样裂隙孔隙结构的很小一部分,也正是因为此,两种煤样在卸载过程中瓦斯渗透率增大的曲线相比在应力加载过程中瓦斯渗透率减小的曲线要平缓得多。

7.2.2 两种煤样加卸载过程中渗透性变化的差异特征

从两种煤样的渗流实验结果,同样可以看出构造煤原煤样与硬煤原煤样在轴压加卸载过程中瓦斯渗透性的动态变化还存在诸多差异性。

虽然构造煤原煤样与硬煤原煤样内部都存在原始微裂隙、微孔隙,但是其内部构造还是有很大的不同。构造煤由于其在漫长的形成过程中受到不同方向的挤压、揉搓等力学作用,其内部形成了大量的孔隙、裂隙,从外观上看表现为层理复杂不清,裂隙通道发达;而硬煤煤样从外观上看内部结构致密,层理清晰,甚至看上去与煤矸石一样,其内部结构孔隙主要以微孔隙为主,这也使得硬煤原煤样给瓦斯气体流通提供的通道不足,直接导致其在实验中渗流量比较小,相应测试出来的瓦斯渗透率也比较小。构造煤煤样的裂隙孔隙发育程度要高于硬煤煤样,表现为在不加载应力的情况下,构造煤煤样的瓦斯渗透率要比硬煤煤样的大。

由于构造煤与硬煤原煤样内部结构的差异性,在应力加载的过程中,两种煤样的瓦斯渗透率的动态变化表现出许多不同的特征。

(1)孔隙裂隙非线性压密阶段

随着轴向载荷的不断增加,两种煤样均被加载应力压密,使得它们的刚度增大。构造煤煤样在此过程中部分煤样的瓦斯渗透率增大了,而其他瓦斯渗透率却减小了。有的构造煤煤样在非线性压密阶段出现了渗透率的一段很小量增加,这个与以前对硬煤的研究的渗透率的变化完全不同了。

我们分析认为是因为构造煤内部的结构错综复杂,层理结构较紊乱无次序,节理不清,节理系统不发达甚至于有的煤样无节理,导致煤样内部虽然存在大量的孔隙结构。但由于孔隙结构流动气体的方向并不相同,也就是说孔隙结构并不相通,致使瓦斯气体不能流通,当轴向应力刚刚加载上时,由于轴向应力的加载,导致构造煤煤样内部原先并不相通的一部分孔隙结构发生了滑移、错位等,从而使得这些孔隙结构互相连通,相互连通以后瓦斯气体就能从这些原先并不能通过的孔隙结构中通过,导致这些煤样在轴向应力加载初期瓦斯渗透率的少量的增大。

同时轴向应力的加载还能造成一些原先相通的原始裂隙孔隙结构的闭合,甚至煤样中影响瓦斯渗透性显著大的孔隙也因为受到应力的作用而发生闭合,造成瓦斯流通通道变得窄小,瓦斯气体在煤样中流动更加困难,导致瓦斯渗透率减小。也就是说,轴向应力的加载通过两个不同形式来对构造煤瓦斯渗透率动态变化进行影响:一种形式是使原先并不相通的孔隙结构连通,这种形式对于瓦斯渗透率的影响是正效应,另一种形式是造成原先相通的孔隙结构闭合。这种形式对于瓦斯渗透率的影响是负效应,这两种形式如果正效应占据主导地位,就会造成构造煤原煤样瓦斯渗透率在非线性压密阶段的增大,反之,如果负效应占据主导地位,就会造成构造煤瓦斯渗透率的减小。

因此,我们的实验一部分构造煤煤样在轴向应力加载的初期,即在非线性压密阶段瓦斯渗透率增大了,另外一部分构造煤煤样在这个阶段瓦斯渗透率减小了。而硬煤原煤样内部结构坚硬致密,层状构造,条带清晰明显,原始裂隙孔隙结构相比构造煤要少得多,并且原始裂隙孔隙结构由于方向一致不会出现孔隙裂隙结构不相通的情况。虽然其在轴向载荷的不断加载下,原始裂隙孔隙结构也在闭合,造成了煤样瓦斯渗透率的减小,但由于其孔隙裂隙结构在基数上与构造煤相差很多,因此硬煤原煤样的瓦斯渗透率的减小量要比构造煤小得多。

(2)弹性变形阶段

在此阶段,无论是构造煤原煤样还是硬煤原煤样,它们的应力与应变的关系都接近线性关系。在该阶段,由于轴向应力量的增大,使得两种煤样内部的瓦斯流动通道都显著减少,瓦斯气体通过能力急剧削弱,两种煤样的瓦斯渗透率都出现了显著的下降。但是,由于硬煤煤样内部自身的固体骨架结构使得硬煤的承受载荷能力较强,并且硬煤煤体致密坚硬,内部裂隙孔隙都比较少,组成煤体的颗粒内部及颗粒之间吸引力比较强,可以有效减少应力造成的损伤,这个阶段的硬煤煤样变形与上一阶段相比,硬煤煤样在这一阶段只发生弹性变形,可以近似认为变形过程在应力卸载以后是能够完全恢复的。

而构造煤原煤样由于内部结构松散,存在大量的孔隙裂隙通道,这就造成构造煤本身的内部结构承受载荷能力比较弱,构造煤煤样的颗粒内部、颗粒之间的吸引力也比较弱。在弹性变形阶段受到更大的轴向应力使原有的裂隙孔隙结构发生进一步的闭合，与硬煤原煤样不同的是，构造煤原煤样的弹性变形阶段只是由非线性压密阶段到塑性变形阶段的很短的一个过渡阶段，维持的时间及应力范围都很短。

构造煤原煤样与硬煤原煤样在此过程中的变形状态的不同，直接影响在应力卸载过程中两种煤样的瓦斯渗透性变化的不同。

（3）塑性变形阶段（BC 段）

由于实验煤样还要进行卸载过程的瓦斯渗透性的测试，因此在轴向加载应力接近于煤样的应力承载极限时停止加载，实验煤样只是经历了岩石力学上塑性变形阶段的初期，并没有到塑性变形阶段的后期。

随着轴向加载应力的继续增大，煤样内部结构发生进一步的变化，煤样内部的原始裂隙孔隙等瓦斯通道结构进一步闭合，但是这个阶段不同于弹性变形阶段，此阶段煤样内部开始出现由于轴向应力作用产生的新裂隙孔隙结构，这些出现的新的瓦斯流动通道多数是由于应力使煤样内部的原始裂隙孔隙端部或者原始内部微缺陷等发生了失稳破坏产生的微孔隙裂隙结构，由于在这个阶段煤样内部已经形成了新的孔隙裂隙等瓦斯流动通道，因此不论构造煤煤样还是硬煤原煤样在此阶段发生的变形破坏都是一个不可逆的过程，在轴向应力卸载以后煤样也不能恢复到经历此阶段之前的状态。

通过以上分析，可以看到在此阶段轴向应力对煤样瓦斯渗透率的影响主要有两方面：

① 造成了原始裂隙孔隙结构的进一步闭合，从而使煤样的瓦斯渗透率进一步减小；

② 轴向应力使煤样产生了新的裂隙孔隙结构，会使煤样的瓦斯渗透率增大。

从实验结果来看，构造煤原煤样和硬煤原煤样在此过程中煤样的瓦斯渗透率都是在不断减小，这就说明应力使原始裂隙孔隙结构的进一步闭合的影响要大于新产生的孔隙裂隙结构的影响，但这可能是由于煤样只是经历了岩石力学上塑性变形阶段的初期的瓦斯渗透率的变化，并不能说明在塑性变形阶段的后期的瓦斯渗透率的变化。从两种煤样的瓦斯渗透率的动态变化可以看出，此阶段的瓦斯渗透率减小趋势要远小于弹性变形阶段，这也说明了新产生的裂隙孔隙结构确实增大了煤样的瓦斯渗透率。

并且从两种煤样的动态变化中同样可以看出，构造煤由于内部原始裂隙孔隙结构比较发达，且在压缩过程中易形成新的孔隙裂隙流动通道，这就是说构造煤的压缩造成的原始裂隙孔隙结构闭合的也比较多，同时新形成的瓦斯流动通道也比较多；硬煤原煤样原始裂隙孔隙系统比较少，在此阶段受到应力压缩时新产生的瓦斯流动通道相比构造煤原煤样也要少得多，并且两个因素对瓦斯渗透率的影响是相反的，这就造成两种煤样的渗透率的变化量差距不大。但由于构造的渗透率基数比较大，故构造煤在此阶段的渗透率减小量要稍微大于硬煤原煤样。

在对煤样轴向应力进行加载至接近于煤样所能承受的极限应力时，对煤样的应力载荷进行卸载。在这个卸载过程中，可以看出无论是构造煤原煤样还是硬煤原煤样，瓦斯渗透率都在煤样变形恢复中不断增大，但是直至应力卸载至零，瓦斯渗透率只是恢复了一部分，并没有完全恢复到煤样加载前的状态。通过图7-4可以清楚得出，构造煤原煤样的瓦斯渗透率的普遍恢复的速度要小于硬煤原煤样，而且在轴向应力载荷卸载至零时，构造煤原煤样的瓦斯渗透率为应力加载前恢复的10%左右，而硬煤原煤样的瓦斯渗透率则普遍恢复到了原先的40%左右，这就说明硬煤原煤样的瓦斯渗透率的恢复率要远远大于构造煤原煤样。从实验数据可以得出构造煤和硬煤原煤样在进行轴向加卸载的过程中，煤样内部的孔隙裂隙结构都有一部分发生了不可逆转的变化，而构造煤原煤样内部发生不可逆转的孔隙裂隙结构大于硬煤原煤样，这就造成了构造煤原煤样在轴向应力卸载至零的过程中瓦斯渗透率的恢复程度要小于硬煤煤样。

7.3　本章小结

本章主要对两种煤样进行了加卸载轴向应力的瓦斯渗透性实验，测试了两种煤样所能承受的极限轴向载荷，并对两种煤样在加卸载轴向应力的瓦斯渗透性的动态变化过程进行了分析，得出了以下结论：

（1）经过测试，本实验所用的煤样，构造煤煤样的所能承受的极限轴向载荷是16 MPa，硬煤煤样所能承受的极限轴向载荷是28 MPa，而且构造煤煤样在破碎的瞬间瓦斯渗透率的增大量要远远大于硬煤在破碎瞬间的增大量，且应力在破碎后迅速下降，这表明构造煤煤样结构的破坏更具有突发性。

（2）在应力加载过程中，两种煤样总的趋势都是随着轴压的增加，渗透率在减小，并且在加载应力达到接近极限应力时渗透率达到最小值；而在应力卸载过程中，随着轴压的卸载，渗透率逐渐增加，但是在轴压卸载至0 MPa时，渗透率并没有完全恢复到轴压加载前的渗透率，而且在渗透率恢复增大的过程中相比加载阶段此时的渗透率变化更为平缓。

（3）在应力加载的孔隙裂隙非线性压密阶段，是构造煤煤样与硬煤煤样瓦斯渗透性变化差异最大的阶段。由于构造煤的孔隙裂隙结构是受到地质作用而形成的，就会造成孔隙裂隙结构并不一定相通，而由于轴向应力的加载导致这些不相通的瓦斯流动通道相互连通，轴向应力的加载还会造成原有裂隙孔隙结构部分闭合，如果轴向应力使这些不相通的瓦斯流动通道相互连通这个正效应占据了主导地位，就会导致构造煤部分煤样在此阶段出现瓦斯渗透率的少量增加。如果轴向应力的加载还会造成原有裂隙孔隙结构部分的闭合这个负效应在此阶段占据了主导地位，就会造成构造煤煤样的瓦斯渗透率减小。而硬煤煤样在这个阶段由于其内部孔隙裂隙结构较少,并且其内部结构层理分明,大部分孔隙裂隙结构本身就是相通的,由于轴向应力的加载导致了原有裂隙孔隙结构的闭合在此阶段占据了主导地位,造成渗透率减小。

（4）在应力加载的弹性变形阶段,两种煤样的瓦斯渗透性都出现了显著的下降,但是硬煤煤样在这一阶段发生的是弹性变形,在应力卸载以后此阶段发生的变形几乎是完全可以恢复的。而构造煤发在此阶段只是部分裂隙孔隙结构发生的是弹性变形,此阶段发生的绝大部分变形在应力卸载之后是不能恢复的,在此阶段的变形特性直接造成应力卸载过程两种煤样的瓦斯渗透性变化的不同。

（5）在应力加载的塑性变形阶段,本实验的煤样只是经历了塑性变形的初期阶段。在此阶段,两种煤样的瓦斯渗透率都在不断减小,说明轴向应力进一步增大,虽然使煤样产生了新的裂隙孔隙结构,但是轴向应力致使原始裂隙孔隙结构进一步闭合导致渗透率进一步减小的负效应在此阶段占据了主导地位。由于构造的渗透率基数比较大,故构造煤在此阶段的渗透率减小量要稍微大于硬煤原煤样。

（6）在轴向应力卸载阶段,两种煤样的瓦斯渗透率都在煤样变形恢复中不断增大,这说明两种煤样内部的空隙裂隙结构在此阶段从之前的闭合状态都有一定的恢复,但是两种煤样的孔隙裂隙都只是部分发生了可逆转的变化,而构造煤内部发生可逆转的孔隙裂隙结构要小于硬煤,这就造成了硬煤原煤样的瓦斯渗透率在此阶段的恢复率要远远大于构造煤原煤样。

8　负压作用下构造煤瓦斯渗透特性的数值模拟

数值模拟也称为计算机模拟,始于 20 世纪 60 年代。它借助于计算机完成理想条件实验,结合有限元等相关的概念,通过数值计算之后,实验结果以图像的形式很直观地显示出来,可以使工程问题、物理问题和各种自然界中的难题得以解决。数值模拟能逼真地反映流动场景,与实际实验没有什么差别。数值模拟的总体步骤是:首先创建反映所要求解问题性质的数学模型;模型创建完毕,寻找效率高、计算准的方法进行求解;然后编程进而完成计算;计算完成后,大量的求解数据通过图像很清晰直观地显现出来。

瓦斯在煤体中的渗透特性,国内外众多学者对其研究日渐成熟和完善。众所周知,煤体中瓦斯的渗透通过能力受诸多因素的影响,譬如瓦斯压力、围岩应力、地质环境温度、煤岩特性等都可能导致瓦斯在煤体中的渗透能力发生变化,可能是诸多因素中的一种起主要作用,也可能是诸多因素共同影响煤体瓦斯的渗透性。近些年来,有些学者研究发现抽采负压对煤体中瓦斯的渗透性有一定的影响作用,目前的研究还实为鲜见,对于抽采负压对瓦斯在煤体中渗透性的物理模型研究还没有学者进行过深入的探索。实验室中进行的实验研究存在一定的局限性,实验结果偏差较大,甚至某些情况下的结果不准确,而通过建立数值模型,利用模拟软件进行运算求解,就可得到真实的规律,亦可通过改变参数来调整模型,在更大的领域中推广开来,使研究成果得以充分利用。在实验测试的基础上,运用 COMSOL Multiphysics 数值模拟工具进行流出面为负压的煤体瓦斯渗透特性的考察,以此奠定和修正实验室的研究结果,对工程问题的解决也具有重大的指导意义。

8.1　数值模拟软件简介

8.1.1　COMSOL Multiphysics 简介

COMSOL Multiphysics 是 COMSOL 公司研发的一款大型高级数值仿真软件,在诸多科学领域的工程计算以及研究应用相当广泛。从 2003 年的 3.2a 版本开始,此软件正式命名为 COMSOL Multiphysics,它是一种二次开发工具。它以有限元为基础,通过求解偏微分方程(组)对真实物理现象实现仿真,能对任意多物理场直接耦合分析,是当今世界公认的首款数值分析软件。对众多领域的工程实际和很多物理现象都能进行模拟,COMSOL Multiphysics 的性能优越、计算高效,尤其是多场处理功能强大,数值仿真精确度高。目前已在生物科学、化学、物理学、地球科学等领域得到了广泛的应用。它还具有完全开放的框架结构,支持任意独立的函数参数控制,具有专业的计算模型库,内嵌丰富的 CAD 建模功能和 CAD 导入功能,能直接在软件中完成二维和三维建模,具有网格剖分能力强、计算能力规模大、后处理功能[88-89]丰富等特点。

8.1.2 COMSOL Multiphysics 计算步骤

模拟软件 COMSOL Multiphysics 的计算过程,以交互式的建模环境,模拟步骤全部由计算机完成,大大方便了我们的运用。大致包含下面几个步骤。

(1)几何模型的创建

可以在 COMSOL Multiphysic 中通过自带的绘图工具或者直接设置图形参数来建立几何图形;也可直接导入 CAD 模型,并可对 CAD 图形模型进一步灵活修改;COMSOL Multiphysics 也可由 NAATRAN 格式的网格文件直接生成模型;COMSOL Multiphysics 也可通过 MATLAB 直接编写数学公式来完成建模。本处使用 COMSOL Multiphysics 中的自带工具直接创建模型。

(2)物理参数的定义

几何模型建立后,物理参数可以依照实验室中实验所得数据进行设定,其他不影响模拟结果的无关参数设定为"自定义"即可,有些条件也可以通过 COMSOL Multiphysics 中的材料属性进行设定。

(3)有限网格的生成

结合模拟效果需求,并考虑模拟精度和计算资源占用情况,将模型划分为适当形状的网格单元。

(4)求解计算

打开求解参数对话框 Solver Parameters,即可按照设定的各项参数进行运算求解。

(5)后处理、可视化结果、拓扑优化和参数化分析

求解完毕,即可实现解和其表达的可视化,生成 2D 和 3D 表面图、等值线图、流线图等各种逼真的图像,也能以动画的形式播放求解结果。通常情况下,在进行模型分析的时候,参数分析、迭代设计、优化设计以及系统中结构间连接的自动控制都包含在内,COMSOL Multiphysics 能在 MATLAB 中调用,进行优化设计和后处理操作。

8.2 数值模型的建立

8.2.1 几何模型的构建

在实验的基础上进行模型的创建,为了便于比较模拟结果与实验室实验结果进而得出规律,我们建立与实验室实验所用煤样尺寸相同的几何模型,即直径 $\phi50$ mm、长 100 mm 的圆柱形几何模型,模块采用 Darcy 定律,模型的边界条件见表 8-1。

表 8-1   模型的边界条件

名　称	数值	单位
围　压	1.5	MPa
轴　压	2	MPa
进口瓦斯压力	0.2	MPa
出口瓦斯压力	0,−5,−10,−15,−20,−25,−30	kPa

8.2.2 物理参数的设定

数值模型参数的设置相当重要,参数的选取得当与否关系着模拟效果与实验室实际实验结果是否相符的关键步骤,正确的参数选取更能如实地表征实验室实验特征。在试验的基础上,设置相应的参数,通过模拟结果来验证实验结果,综合考虑,得出普遍规律。根据实验测定以及所采新登煤矿的构造软煤的特性,确定的参数见表 8-2。

表 8-2   煤样的物理参数

参　数	符号	数值	单位
弹性模量	E	35 000	MPa
泊松比	υ	0.29	
煤的密度	ρ_m	1 300	kg/m³
瓦斯密度	ρ_g	0.716	kg/m³
初始孔隙率	φ_0	5	%
初始渗透率	k_0	0.21	mD
甲烷压缩系数	β	0.99	
瓦斯动力黏度系数	μ	1.08×10^{-5}	Pa·S
煤的吸附常数	a	22	m³/t

参数	符号	数值	单位
煤的吸附常数	b	1.3	MPa^{-1}
煤的灰分	A	20	%
普适气体常数	R	8.314 3	$J/(mol \cdot K)$
气体摩尔体积	V_m	22.4×10^{-3}	m^3/mol
标准大气压	p_0	0.101×10^6	Pa

8.3 模拟结果及分析

通过前面对负压作用下构造煤瓦斯渗流实验的探讨,可以清楚得知抽采负压对煤的瓦斯通透能力的改变存在很大的作用,在实验室实验中,可以说测得的渗透率只是一个反映煤样总体渗透特性的数值,并不能清晰地体现受力状态下渗透率在煤体中的分布状态,借助 COMSOL Multiphysics 软件来模拟,就可以清晰地观察到煤样受外力作用时煤样内部各处的渗透率。由于实验所用煤样为圆柱形,这里运用 COMSOL Multiphysics 中的 Darcy 定律模块进行耦合模拟,对各组分别进行不同负压(0 kPa、5 kPa、10 kPa、15 kPa、20 kPa、25 kPa、30 kPa)条件下煤样渗透率的分布状况模拟。此处选择其中一组(围压1.5 MPa、轴压2 MPa、进口瓦斯压力0.2 MPa)为例进行说明。

对不同负压情况下的煤样进行模拟,渗透率分布情况如图8-1所示。

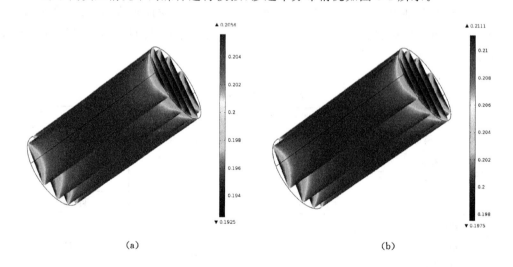

(a)   (b)

图 8-1 不同负压条件下煤样渗透率分布图

(a) 负压 0 kPa;(b) 负压 5 kPa

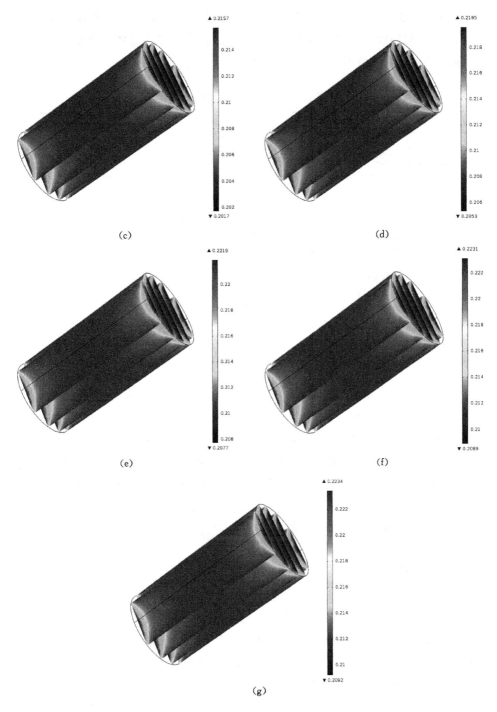

续图 8-1 不同负压条件下煤样渗透率分布图

(c) 负压 10 kPa;(d) 负压 15 kPa;(e) 负压 20 kPa;

(f) 负压 25 kPa;(g) 负压 30 kPa

由图 8-1 可知,渗透率的最大值为 0.223 4 mD,最大渗透率值非常接近煤样的整体渗透率,可近似用模拟结果的渗透率最大值作为模拟煤样的总体渗透率。模拟渗透率与实验所测渗透率的数据见表 8-3,对比结果如图 8-2 所示。

表 8-3 　　　　　　　　　　　实验渗透率与模拟渗透率数据表

负压/kPa	0	5	10	15	20	25	30
实测渗透率/mD	0.206 2	0.211 3	0.214 8	0.218 4	0.221 5	0.222 8	0.223 2
模拟渗透率/mD	0.205 6	0.211 1	0.215 7	0.219 5	0.221 9	0.223 1	0.223 4

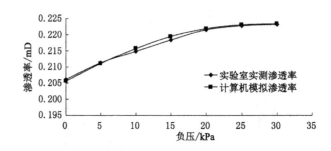

图 8-2　实验渗透率与模拟渗透率对比曲线

由表 8-3 和图 8-2 可知,计算机模拟结果显示出,随着出口负压的增大,煤样的渗透率逐渐变大,并且初始阶段渗透率增幅较大,随着负压的增加,渗透率增幅越来越小,当负压增大到超过 20 kPa 的时候,计算机模拟结果显示渗透率约为 0.223 mD,瓦斯的渗流量变化非常小。通过比较分析模拟结果与实验室所测结果,两者数据曲线图在直观上存在一定的偏差,两者所体现的渗透率变化趋势是一致的,都是随着负压的增大,渗透率增加,渗透率增幅逐渐减小。数值模拟结果与实验测得的结果比较吻合,充分地说明了数值模拟能对实验室实验进行判定与验证。

8.4　本章小结

本章结合实验所用煤样的形状,从围压、轴压、进口瓦斯压力以及出口负压方面考虑,建立三维模型,利用 COMSOL Multiphysics 软件进行模拟,模拟了围压 1.5 MPa、轴压 2 MPa 和进口瓦斯压力 0.2 MPa,不同出口负压情况下的煤样渗透率情况。经过对比分析数值模拟结果与实验室实验测得的结果,两者有较好的一致性,渗透率随着负压的增大而增大,且增幅越来越小,最终趋于稳定,充分说明计算机模拟能对实验所测结果的准确性起到很好的判定与验证作用。

9 现场验证与应用

9.1 实验矿井及区域概括

9.1.1 矿井概况

王行庄煤矿位于郑州市南 40 km 处，京广线西侧的新郑县城西部。井田浅部（东部）起于各煤层露头线，深部（西及西南部）止于区块登记井田边界，南始于新庄断层，北至区块登记边界线（或欧阳寺断层）；东西长 3～10 km，南北宽约 7 km，面积约 48 km²。井田中心距京广线新郑车站约 9 km，新密标准铁路通过矿区北侧于新郑车站和京广铁路接轨，朝（阳沟）—杞（县）窄轨铁路从井田北缘穿过。新密公路横穿井田北部，以新郑市为中心，可通往郑州、禹州、平顶山等地，交通极为便利。

区内地层属华北地层区地层。井田范围内，除许岗和西北边沟谷中有零星的二叠系上统基岩出露外，其余大部分被新生界黄土所覆盖。自下而上有寒武系、奥陶系、石炭系、二叠系、第三系和第四系，见煤系地层柱状图 9-1。

王行庄井田位于新密复向斜的东部，东南簸箕角之内侧，北邻赵家寨煤矿（低瓦斯矿井），西侧隔郑尧高速公路与大磨岭煤矿，与成煤矿（均为煤与瓦斯突出矿井）相邻。井田主体构造是草场沟背斜，在此基础上，还发育有若干条规模不等的正断层。

（1）褶曲

本区内已控制的褶曲构造有草场沟背斜和上申河向斜。草场沟背斜轴位于十里铺、西敬楼、王安庄和草场沟一线，轴线呈北西（330°）～南东向，十里铺往西北，背斜轴延展长度约 6 km。背斜北东翼受断层破坏而不完整。上申河向斜轴位于化雨庄、上申河、老王庄一线，轴线呈北西—南东向，轴部延展长度约 5 km；该向斜处于井田的边部，煤层埋藏较深，控制程度不高。

（2）断层

井田内已发现的断层共有 28 条，落差大于 100 m 的有 3 条；落差 50～100 m 的断层有 5 条，落差 10～50 m 的断层有 8 条，其余 12 条断层落差在 3～10 m 之间。断层具有如下共同特点：

地层系统		分层厚度/m	累计厚度/m	煤层及标志层名称	柱状 1:1000	岩性特征
二叠系	下石盒子组	4.00	393.20		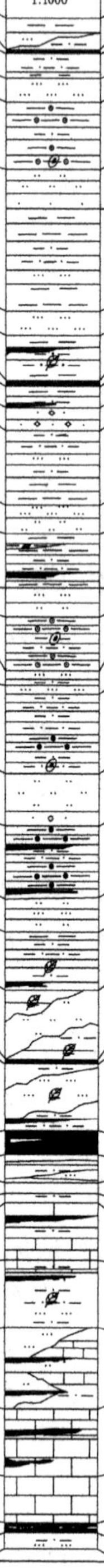	灰色细粒长石石英砂岩,夹深灰色粉砂岩,泥质条带,具水平层理,砂岩带相变为深灰色砂质泥岩
		0.50	393.70	五煤		黑色,块状,粉状,半暗型煤,局部厚度达可采
		5.50	399.20			深灰-灰色泥岩,砂质泥岩,含植物碎片化石
		5.00	404.20			浅灰色细粒长石石英砂岩,含白云母碎片及黄铁矿结核,泥质钙质胶结,具水平及波状层理
		15.00	419.20			灰绿色及暗紫红色泥岩,砂质泥岩,具鲕状结构,含菱铁质结核,斑块状构造
		10.00	429.20	KE砂岩		灰白色中粗粒长石石英砂岩,钙质,硅质胶结,具斜层理,厚层状构造
		20.00	449.20			灰,浅灰绿色泥岩,砂质泥岩,夹薄层细粒砂岩,含暗紫色斑块状构造
		5.00	454.20			浅灰,灰绿色细粒砂岩,含白云母片,具水平及波状层理
		10.00	464.20			深灰色泥岩,砂质泥岩,含白云母碎片,产植物化石,含不稳定薄煤
		0.50	464.70	四煤		黑色,粉状型,碎片型,半暗型,煤层较稳定,偶尔达可采
		5.50	470.20			灰,深灰色泥岩,砂质泥岩,含碳质及黄铁矿晶粒,产植物碎片化石,含不稳定薄煤
		4.00	474.20			灰褐色细粒菱铁质砂岩,均质块状,坚硬,比重大
		17.00	491.20			灰,深灰色泥岩,砂质泥岩,夹薄层细砂岩,具水平层理
		8.00	499.20	KD砂岩		灰,浅灰色绿色细中粒长石石英砂岩,含白云母片及绿泥石,硅质,钙质胶结
		12.81	512.01	三煤		深灰色泥岩,砂质泥岩,含薄煤及碳质泥岩2-3层,三煤层位较稳定
		5.16	517.17			浅灰绿色细中粒长石石英砂岩,含白云母碎片及海绿石,具水平层理和斜层理
		10.03	527.20			灰白-浅绿色细粒长石石英砂岩,夹砂质泥岩,具水平及波状层理
		5.00	532.20			灰,灰绿色泥岩,砂质泥岩,鲕状结构,含菱铁质结核,呈暗紫红色斑块状结构
		17.06	549.26	大紫斑泥岩		浅灰,灰绿色及紫色铝土质泥岩,砂质泥岩,粉砂岩,富含鲕粒和菱铁质结核,具斑块状构造
		12.50	561.76	砂锅窑砂岩		灰白-浅灰色中粗粒长石石英砂岩,含泥质包体,底部含砾巨粒砂岩,具斜层理,厚层状构造
	山西组	15.24	577.00	小紫斑泥岩		灰色夹浅绿色铝土质泥岩,砂质泥岩,具鲕状结构,局部含暗紫色斑状,含不稳定薄煤(二₅二₆)
		7.00	584.00			浅灰色菱铁质石英砂岩,含白云母片,菱铁质,泥质胶接,厚层状构造
		12.00	596.00			灰,深灰色泥岩,砂质泥岩,含白云母片,鲕状结构,含菱铁质结核,产植物化石,含不稳定薄煤(二₄)
		14.23	610.23	香碳砂岩		浅灰色,灰褐色中粒长石石英砂岩,层面含大片白云母和碳屑,上部和下部位深灰色砂质泥岩
		1.62	611.85	二₃煤		黑色,粉状及片状,半亮型,煤种为贫无烟煤,局部含夹矸,矿区东北部尖灭,其余大部分可采
		16.90	628.75	大占砂岩		灰,深灰色细粒长石石英砂岩,含白云母片,碳屑,黄铁矿结核,上部和下部多为砂质泥岩,偶含薄煤(二₂)
		7.25	636.00	二₁煤		黑色,粉,粒状及块状,半光亮型,煤种为贫无烟煤,局部含夹矸1~4层,为本区主要可采煤层
石炭系	太原组	4.70	640.70			深灰色砂质泥岩,顶部常含薄煤层碳质泥岩,中下部夹浅灰色细粒长石石英砂岩,水平层理发育
		0.30	641.00	菱铁质泥岩		灰色菱铁质泥岩,致密坚硬,比重大,常含方解石脉,块状构造
		3.00	644.00			深灰色砂质泥岩,细粒长石石英砂岩,含白云母片,黄铁矿散晶和薄煤,顶部含较稳定薄煤(一₉)
		13.90	657.90	L₇₋₈灰岩		深灰-灰色含生物屑燧石灰岩,上部夹深-深灰色泥岩,砂质泥岩和薄煤层细粒砂岩,含不稳定薄煤
		14.99	672.89			灰-深灰色砂质泥岩夹灰深灰色细砂岩,含白云母片,黄铁矿晶粒和薄煤,中上部常含薄煤(一₇)
		15.95	688.84	胡石砂岩		灰色灰-中粒长石石英砂岩,含白云母片,黄铁矿散晶和结核,粒度由上向下变粗,具水平层理和斜层理,底部常为深灰色砂质泥岩夹生物燧石岩1~2层(L₅₆),含不稳定薄煤层2层(一₅₆)
		14.14	702.98	L₃₋₄灰岩		深灰色泥质含燧石及生物屑石灰岩2层(L₃₄),夹砂质泥岩,细砂岩薄层,含较稳定薄煤2层(一₃₄)
		12.25	715.23	L₁₋₂灰岩		灰色细粒长石石英砂岩,夹深灰色粉砂岩,泥质条带,具水平层理,砂岩带相变为深灰色砂质泥岩
		1.59	716.82	一₁煤		黑色,粉粒状,碎片状,光亮型,煤种为贫和无烟煤,中上部含夹矸1层,大部分可采
		1.42	718.20			深灰色泥岩,砂质泥岩,下部夹细粒中粒砂岩

图 9-1 煤系地层柱状图

① 走向以东西向为主；

② 全部为张性正断层；

③ 井田内部断层均为断面向北(或北东)倾斜，北降南升，依次呈梯状向北跌落。

矿井设计生产能力 120 万 t/a,服务年限为 87.6 a。井田采用立井方式开拓二₁煤和二₃煤。主要可采煤层二₁煤层赋存较为稳定。−300 m 以浅倾角较为平缓,−300 m 以深随煤层埋藏深度增加,倾角有逐渐加大的趋势。根据王行庄井田的煤层赋存条件,结合井口位置方案,水平标高定在 −293 m。设计在 −500 m 设置辅助水平。以一组暗斜井连接两个水平。全井田共布置 8 个采区,其中 −293 m 水平 3 个上山采区,2 个下山采区,−500 m 辅助水平布置 1 个上山采区,2 个下山采区。采区开采顺序的原则为:先上山后下山,先中部后两翼。二₁煤采煤方法为综采放顶煤,二₃煤采煤方法为炮采,全部垮落法管理顶板。

根据地质报告,本井田在瓦斯风化带以深,随深度的增大,煤层瓦斯含量随之增加,本井田瓦斯变化梯度(沼气含量梯度)约为 5 mL/g. r. hm。随着煤层埋深的增加,地压加强,地温增大,瓦斯压力亦增大,煤变质程度相对提高,封闭条件相对更好,瓦斯吸附力相对增强,游离的瓦斯向吸附瓦斯转化。但到一定深度时,煤层的密度增大,孔隙度变小,煤层的渗透性下降,瓦斯含量的增长逐渐达平衡,故在 400～600 m 处瓦斯变化最大;在 600～1 200 m,瓦斯含量变化平缓;达 1 200 m 深时,瓦斯含量变化趋于极限,不再增加。从钻孔揭示的瓦斯含量分布来看,本井田沼气带范围内二₁煤层瓦斯含量在 5.39～19.41 mL/(g・燃之间),平均 10.7 mL/(g・燃)。二₃煤层瓦斯含量在 2.06～18.24 mL/(g・燃)之间,平均 10.15 mL/(g・燃)。

王行庄煤矿二₁煤层煤的破坏类型为Ⅴ;坚固性系数 0.21,小于 0.5;瓦斯放散初速度为 19.16,大于 10;二₃煤层煤的破坏类型为Ⅴ;坚固性系数 0.20,小于 0.5;瓦斯放散初速度为21.81,大于 10。

9.1.2 实验区概括

王行庄煤矿主要开采二₁和二₃煤层,两者层间距 20 m 左右,二₃煤层平均厚度 1.3 m,煤层薄,瓦斯含量相对较低,为弱突出煤层,可先开采二₃煤层作为二₁煤层的上保护层。11051 工作面是处于被保护层的工作面,因此,在本书选择 11053 工作面和 11051 工作面作为实验区。保护层 11053 工作面顶板由细粒砂岩和泥岩组成,底板由砂质泥岩组成,工作面大体宽缓单斜构造,煤层倾角为 8°～20°,平均 14°,煤层厚度为 0.35～16.9 m,平均 5.0 m,煤层结构简单。与之对应 11051 被保护层工作面煤层厚度 2.67～11.35 m,平均 4.5 m,煤层倾角 14°～24°,平均 19°,倾斜长 1 500 m,走向宽 150 m,面积 22.4 万 m²。工作面范围内煤层赋存较稳定,总体上呈一走向近南北倾向西的单斜构造结构简单,全区可采,但受断层影响煤层局部有增厚变薄现象,其中工作面东南部煤层较厚。

9.2 实验方案及考察内容

实验矿井现有二₁、二₃两层煤进行开采,采取区域防突措施开采保护层二₃煤层对二₁煤层进行消突。保护层开采过程中,被保护层工作面首先处于原始应力区,随着保护层工作面的推进,依次经历应力区和卸压区。通过对被保护层钻孔瓦斯流量考察,得出被保护层随着上保护层煤层工作面的向前推进,经历了二次卸压的过程,被保护层瓦斯流量随着保护层工作面的推进呈现出 M 形分布。

9.2.1 实验方案

在被保护层 11051 工作面回风巷内向煤层方向布置流量观测钻孔,共布置 4 个瓦斯流量的考察钻孔,钻孔编号为 1# 钻孔、2# 钻孔、3# 钻孔和 4# 钻孔。1# 钻孔距保护层 11053 工作面水平距离 30 m,沿 11053 工作面回采方向分别布置 2# 钻孔、3# 钻孔和 4# 钻孔,各个钻孔之间距离为 30 m,这样可以保证各个钻孔之间不受钻孔卸压圈影响。同时 4 个钻孔距离 11051 工作面开切眼较远,即使 11051 工作面进行回采作业也可以完全不受本煤层开采的影响,钻孔具体布置平、剖面图如图 9-2 和图 9-3 所示。

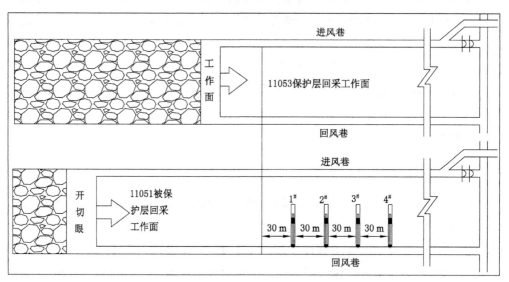

图 9-2 沿回采方向影响范围及最大卸压点瓦斯流量观测钻孔布置平面图

9.2.2 考察内容

(1)被保护层工作面超前支撑压力分布特征

图 9-3　沿回采方向影响范围及最大卸压点瓦斯流量观测钻孔布置剖面图

图 9-4 为保护层(二₃煤层)从开切眼(图示横坐标 0 m 处)开始在不同推进距离情况下,被保护层(二₁煤层)支承压力变化分布特征。从图中可以看出,在保护层工作面还未回采时被保护层原岩原始支承压力为 5 MPa 左右,当保护层工作面推进 25 m 时,位于其采空区下方的二₁煤层的支承压力有所降低,说明被保护层的该区域范围受到卸压影响;当保护层工作面推进 50 m 时,采空区下方的二₁煤层支承压力进一步降低,同时我们可以看到,在被保护层对应于保护层开切眼附近和工作面附近处支承压力有所升高,这是由于受到集中应力的影响。随着保护层工作面的继续推进(如图推进 75 m 和推进 125 m),上面所分析出的两种情况表现得更加明显,特别是当推进 125 m 时,采空区中部所对应的被保护层卸压程度最大,基本上支承压力为 0,因此,上保护层推进过程中被保护层支承压力近似呈 M 形分布,即在保护层开切眼以外(约 50 m)和工作面煤壁以外(约 60 m)形成应力集中区,支承压力增大,在采空区中部区域得到充分卸压,支承压力降低。

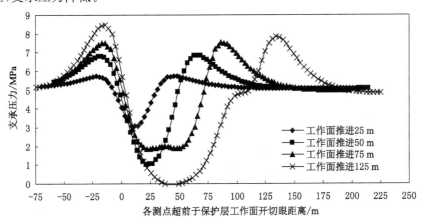

图 9-4　工作面超前支承压力随开挖尺寸变化的分布特征

(2) 保护层开采过程中被保护层瓦斯流量随保护层回采推进的变化规律

图 9-5 至图 9-8 为在保护层二₃煤层 11053 工作面开采过程中被保护层二₁煤层的 11051 工作面回采方向影响范围及最大卸压点瓦斯流量观测钻孔 1# 钻孔、2# 钻孔、3# 钻孔和 4# 钻孔的瓦斯流量随着保护层工作面不断推进的变化规律。

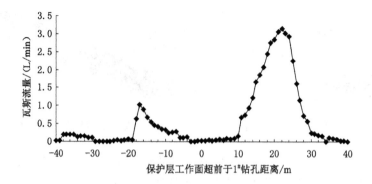

图 9-5　11051 回风巷 1# 观测钻孔瓦斯流量变化规律

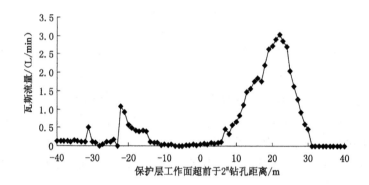

图 9-6　11051 回风巷 2# 观测钻孔瓦斯流量变化规律

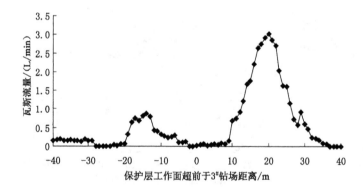

图 9-7　11051 回风巷 3# 观测钻孔瓦斯流量变化规律

由图 9-5 至图 9-8 可知,随着保护层工作面的不断推进,被保护层的 4 个考察钻孔的瓦斯压力都经历了二次卸压的过程,表现为瓦斯流量的变化,且被保护层的 4 个考察钻孔的瓦斯流量变化具有一致的规律性,被保护层瓦斯流量随着保护层的推进呈现出 M 形分布。当被保护层流量考察钻孔位于保护层工作面前方 23 m 以外时,被保护

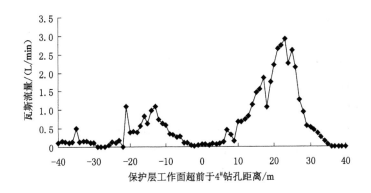

图 9-8　11051 回风巷 4# 观测钻孔瓦斯流量变化规律

层未受到开采影响,煤层瓦斯压力处于原始状态。当流量考察钻孔位于保护层工作面前方 13～32 m 范围时,钻孔瓦斯流量有一定的上升,随着上保护层二₃煤层工作面的推进,被保护层二₁煤层受到集中应力的影响,处于集中应力带上,钻瓦斯流量随时间迅速衰减并趋于零。当流量考察钻孔位于保护层工作面前方 8 m 到保护层工作面后方 20 m,此带内各考察钻孔的瓦斯流量发生显著变化,瓦斯流量随着保护层的不断向前推进呈上升趋势,并在 20 m 左右到达峰值。

（3）被保护层二₁煤层透气性系数随着保护层二₃煤层推进的变化规律

煤层透气性系数是衡量煤层瓦斯运移难易程度和煤层卸压程度的重要标志,同时也是评估瓦斯抽放难易程度和煤与瓦斯突出防治的重要参数。目前,还没有研制出一个能直接测试煤层透气性系数的仪器,只能通过间接地测定与透气性系数相关的其他参数计算而得。现在煤层透气性系数的测定方法采用最多的是非稳定径向流量法。

钻孔周围煤层内的瓦斯流动状态属于径向不稳定流动,煤层透气性系数计算公式见表 9-1。

表 9-1　　　　　　　　　　煤层透气性系数计算公式

流量准数 Y	时间准数 $F = B\lambda$	系数 a	指数 b	透气性系数 λ	常数 A	常数 B
$Y = aF^b$ $= \dfrac{A}{\lambda}$	$10^{-2} \sim 1$	1	-0.38	$\lambda = A^{1.61}B^{1/1.64}$	$A = \dfrac{qr}{p_0^2 - p_1^2}$	$B = \dfrac{4p_0^{1.5}t}{\alpha r^2}$
	$1 \sim 10$	1	-0.28	$\lambda = A^{1.39}B^{1/2.56}$		
	$10 \sim 10^2$	0.93	-0.20	$\lambda = 1.1A^{1.25}B^{1/4}$		
	$10^2 \sim 10^3$	0.588	-0.12	$\lambda = 1.83A^{1.14}B^{1/7.3}$		
	$10^3 \sim 10^5$	0.512	-0.10	$\lambda = 2.1A^{1.11}B^{1/9}$		
	$10^5 \sim 10^7$	0.344	-0.065	$\lambda = 3.14A^{1.07}B^{1/14.4}$		

表中　Y——流量准数,无因次;

　　　F——时间准数,无因次;

a、b——系数与指数,无因次;

p_0——煤层原始瓦斯压力,MPa;

p_1——钻孔排瓦斯时的瓦斯压力,一般为 0.1 MPa;

r——钻孔半径,m;

λ——煤层透气性系数,$m^2/(MPa^2 \cdot d)$;

q——在排瓦斯为 t 时钻孔煤壁单位面积瓦斯流量,$q = Q/(2\pi rL)$,$m^3/(m^2 \cdot d)$;

Q——在排瓦斯为 t 时钻孔瓦斯流量,m^3/d;

L——煤孔长度,一般等于煤层厚度,m;

t——从开始排放瓦斯到测量瓦斯流量的时间间隔,d;

α——煤层瓦斯含量系数,$\alpha = W/\sqrt{p}$,$m^3/(m^3 \cdot MPa^{1/2})$;

W——煤层瓦斯含量,m^3/m^3;

p——煤层瓦斯压力,MPa。

在计算透气性系数时,因表 9-1 中的公式较多,究竟选用哪个公式进行计算?可采用试算法,即先用其中任何一个公式计算出 λ 值,再将这个 λ 值带入 $F = B\lambda$ 中校验 F 值是否在原选用的公式范围内,结果正确;如果不在所选公式范围内,则根据算出的 F 值,选其所在范围的公式进行计算。由于要做大量的试算工作,工作量太大,在这里对煤层透气性系数的计算进行优化。

由流量准数 $Y = A/\lambda$,$F = B\lambda$ 可以推出 A、B 与 Y、F 的关系为:

$$AB = YF \tag{9-1}$$

将式(9-1)代入 $Y = aF^b$,得:

$$AB = aF^{1+b} \tag{9-2}$$

从式(9-2)可以看出,AB 与 F 有着对应的关系,由于 A、B 是由现场实际测定的参数所确定,所以可根据 F 的取值区间和在该区间内对应的 a、b 值,直接算出 AB 的区间(表 9-2),而透气性系数也可以通过表 9-2 直接计算出来。

表 9-2   **煤层透气性系数优化计算公式**

时间准数 $F(F=B\lambda)$	系数 a	指数 b	AB 的取值区间	透气性系数 λ
$10^{-2} \sim 1$	1	-0.38	<1	$\lambda = A^{1.61}B^{1/1.64}$
$1 \sim 10$	1	-0.28	$1.00 \sim 5.25$	$\lambda = A^{1.39}B^{1/2.56}$
$10 \sim 10^2$	0.93	-0.2	$5.87 \sim 37.02$	$\lambda = 1.1A^{1.25}B^{1/4}$
$10^2 \sim 10^3$	0.588	-0.12	$33.84 \sim 256.67$	$\lambda = 1.83A^{1.14}B^{1/7.3}$
$10^3 \sim 10^5$	0.512	-0.1	$256.61 \sim 16\,190.86$	$\lambda = 2.1A^{1.11}B^{1/9}$
$10^5 \sim 10^7$	0.344	-0.065	$>16\,276.40$	$\lambda = 3.14A^{1.07}B^{1/14.4}$

王行庄煤矿 11051 回风巷 1# 钻场 2# 钻孔半径 $r = 0.037\,5$ m,煤层原始瓦斯压力

为 0.45 MPa(根据以往测压钻孔资料取得),煤孔长度为 12 m,煤层瓦斯含量系数 $\alpha =$ 9.13 m³/(m³ · MPa$^{1/2}$)。

被保护层二₁煤层透气性系数随保护层二₃煤层 11053 工作面推进的变化规律如图 9-9 所示。

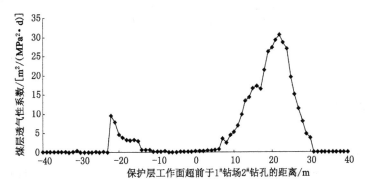

图 9-9　被保护层煤层透气性系数随保护层工作面推进的变化规律

从图 9-9 可以看出,在未受保护层影响时,煤层原始透气性系数约为 0.02 m²/(MPa² · d),随着保护层工作面 11053 的向前推进,当工作面推进至距 2$^{\#}$ 钻孔投影距离约 20 m 时,煤层透气性系数有一定的上升,这主要是由于被保护层二₁煤层受到上保护层二₃煤层采动的影响。随着上保护层二₃煤层工作面的推进,被保护层二₁煤层受到集中应力的影响,处于集中应力带上,煤层透气性系数随着时间迅速衰减。当保护层工作面推过 2$^{\#}$ 钻孔约 10 m 时,透气性系数逐渐上升,当保护层工作面推过 2$^{\#}$ 钻孔约 20 m 时,透气性系数达到高峰值 30.48 m²/(MPa² · d),比煤层原始透气性系数增加了 1 429 倍,随后煤层透气性系数逐渐衰减并趋于稳定。

9.3　本章小结

保护层开采过程中,被保护层工作面首先处于原始应力区,随着保护层工作面的推进,依次经历应力区和卸压区。通过被保护层钻孔瓦斯流量考察,得出被保护层随着上保护层煤层工作面的向前推进,经历了二次卸压的过程,被保护层瓦斯流量随着保护层工作面的推进呈现 M 形分布。现场被保护层瓦斯流量的测定结果一定程度上反映了煤体不同承压过程的瓦斯渗透性,与实验室煤样试件加载过程瓦斯渗透规律具有一定的吻合度。

10　结论与展望

10.1　结论

在自行设计改装的三轴应力渗流实验装置上进行了构造煤原煤样、硬煤原煤样的瓦斯渗透性实验并进行了负压作用下构造煤原煤煤样的瓦斯渗透特性实验,利用COMSOL Multiphysics 软件进行了负压对煤体瓦斯渗透性影响的数值模拟,对 Darcy 定律在流出面为负压情况的适用性进行了推导验证,包含以下几个方面的内容:

(1) 对煤样制备方法进行了一系列的改进创新,经过很多次的尝试后,终于成功制成了 $\phi50$ mm×50 mm 的构造煤原煤样,并用相同的制作方法制作了 $\phi50$ mm×50 mm 的硬煤原煤样。

(2) 影响煤样瓦斯渗透性的实验因素有很多,如围压、气体压力、煤样层理等,利用自行设计研制的三轴瓦斯渗透性实验装置对两种煤样进行了单一影响因素变化测试瓦斯渗透性实验,分析实验数据,总结了围压、气体压力、煤样层理等影响因素的影响原理,并分析了它们对两种煤样影响原理及影响方式的相同点和不同点,并利用实验装置测试了两种煤样的最大轴向承载应力。

① 两种煤样的瓦斯渗透率在通入瓦斯气体压力不变的情况下,都随着加载围压的增大而减小;而围压对构造煤原煤样瓦斯渗透率的影响要大于对硬煤原煤样,即在围压增大量相同的情况下,构造煤瓦斯渗透率减小量要大于硬煤原煤样的减小量。

② 两种煤样的瓦斯渗透率在保持围压不变的情况下,都随着通入瓦斯气体压力的增大而减小。

③ 构造煤在顺层理方向上的瓦斯渗透性要远大于在垂直层理上的瓦斯渗透性,这主要是构造煤煤样顺层理方向上瓦斯流动通道要多于垂直层理上的原因。

(3) 分析了静载荷条件下负压对构造煤原煤煤样瓦斯渗透率的影响特征。

① 围压、轴压和进口瓦斯气体压力不变的条件下,随着出口负压的增大,构造煤煤样的瓦斯渗透率逐渐变大。

② 负压较低时,随着负压的增大,渗透率增加幅度较大;负压较高时,渗透率增幅越来越小,最终甚至趋于零,不再有明显的增加。

（4）分析了负压条件下，轴压的加卸载过程煤体瓦斯渗透率的变化特征，并且测试了煤样的最大轴向承载（破坏）应力。

① 构造煤煤样试件所能承受的最大轴向承载应力（临界应力）约为 18 MPa。

② 轴压加载时，渗透率首先有略微程度的增大，然后随着轴压的进一步加载渗透率逐渐变小；在轴压卸载的过程中，渗透率逐渐回升，但是恢复不到受载前的初始渗透率。

（5）利用实验装置对两种煤样进行了轴向应力加卸载实验，测试了两种煤样的所能承受的极限轴向应力，分析了两种煤样在加卸载轴向应力全过程中的瓦斯渗透率动态变化的共性和差异性特征。

① 在轴向应力加载的整个过程中，两种煤样的瓦斯渗透性的总的变化趋势都是在不断减小，在对煤样加载至接近其所能承受的极限应力时进行卸载的过程中，两种煤样的瓦斯渗透率都表现为不断增大，并且两种煤样的瓦斯渗透率相比轴向应力加载前只是恢复了一部分，并没有完全恢复。

② 在轴向应力加载的过程中，构造煤原煤样在经历非线性压密阶段初期时瓦斯渗透率是出现了稍微上升，之后在经历弹性变形阶段和塑性变形阶段的过程中瓦斯渗透率是处于一个不断下降的过程，而硬煤原煤样在应力加载的整个过程中瓦斯渗透率都处于一个不断下降的过程，这主要是由于两种煤样的内部孔隙裂隙结构不同造成的。

③ 在轴向应力卸载的过程中，虽然两种煤样的瓦斯渗透率都是随着应力的减小而逐渐增大，但是硬煤原煤样在相同的应力变化量所对应的瓦斯渗透率的增大量要大于构造煤原煤样，并且在应力卸载至零载荷时，硬煤原煤样的瓦斯渗透率相比加载应力前的瓦斯渗透率的恢复量要大于构造煤原煤样。这就说明构造煤原煤样在应力加卸载过程中发生不可逆转变形的孔隙裂隙结构要大于硬煤原煤样。

（6）运用 COMSOL Multiphysics 软件对煤样内部的渗透率分布状态进行了模拟，经过对比分析实验结果与模拟结果，两者一致性较好，进一步验证了实验结果的准确性。

10.2 展望

由于构造软煤极易破碎，构造煤原煤煤样的取样与加工制作困难程度较大，成功率较低，在有限的时间内只对新登煤矿的煤样进行了瓦斯渗透性研究，还存在一些问题需要更深入的探讨与研究：

（1）由于我们设计改装的实验设备功能稍欠完善，初次使用，所设定的应力与气压数值较小，范围较窄，存在一定的局限性，煤样制作周期也较长。对制样方法和实验仪器的进一步改进，是满足实现影响条件更为广泛的煤体瓦斯渗流特性实验的前提，得出的实验结果才更具有普遍适用性。

（2）本次实验取样范围不广，没有涉及多矿区的负压作用下构造煤煤体瓦斯渗透性实验，没能进行不同类型构造煤的渗透性变化规律对比，实验结论的适用性较窄。能对多矿区的构造煤原煤进行实验，对比分析实验结果，才能得出适用性更广泛的构造煤煤体瓦斯渗流规律。

（3）负压对构造煤渗透率的影响仅限于对实验结果的表象分析，并不是导致渗透率改变的内在因素，对其他相关重要因素的探究值得进一步思索。

参 考 文 献

[1] 袁亮,邹忠有,李平,等.松软低透气性煤层下向钻孔及深孔控制预裂爆破提高抽放瓦斯技术[M]//十五国家安全生产优秀科技成果汇编(煤矿分册).北京:煤炭工业出版社,2007:363-381.

[2] 王兆丰.我国煤矿瓦斯抽放存在的问题及对策探讨[J].焦作工学院学报(自然科学版),2003,22(4):241-246.

[3] 汤友谊,孙四清,田高岭.测井曲线计算机识别构造软煤的研究[J].煤炭学报,2005,30(3):293-296.

[4] 胡耀青,赵阳升,魏锦平,等.三维应力作用下煤体瓦斯渗透规律实验研究[J].西安矿业学院学报,1996,16(4):308-311.

[5] 孙维吉,梁冰,李辉,等.吸附和长时间载荷作用煤渗透规律试验[J].重庆大学学报,2011,34(4):83-86.

[6] 李树刚,钱鸣高,石平五.煤样全应力应变过程中的渗透系数—应变方程[J].煤田地质与勘探,2001,29(1):22-24.

[7] 胡国忠,王宏图,范晓刚,等.低渗透突出煤的瓦斯渗流规律研究[J].岩石力学与工程学报,2009,28(12):2527-2534.

[8] 王登科,刘建,尹光志,等.突出危险煤渗透性变化的影响因素探讨[J].岩土力学,2010,31(11):3469-3474.

[9] 刘才华,陈从新.三轴应力作用下岩石单裂隙的渗流特性[J].自然科学进展,2007,17(7):989-994.

[10] 王振.原煤渗透率影响因素的实验研究[J].煤矿安全,2011,42(12):4-6.

[11] 尹光志,黄启翔,张东明,等.地应力场中含瓦斯煤岩变形破坏过程中瓦斯渗透特性的试验研究[J].岩石力学与工程学报,2010,29(2):336-343.

[12] 曹树刚,李勇,郭平,等.型煤与原煤全应力-应变过程渗流特性对比研究[J].岩石力学与工程学报,2010,29(5):899-906.

[13] 黄启翔,尹光志,姜永东,等.型煤试件在应力场中的瓦斯渗流特性分析[J].重庆大学学报,2008,34(12):1436-1440.

[14] 祝捷,姜耀东,孟磊,等.载荷作用下煤体变形与渗透性的相关性研究[J].煤炭学

报,2012,37(6):984-987.

[15] 李晓泉,尹光志,蔡波.循环载荷下突出煤体的变形和渗透特性试验研究[J].岩石力学与工程学报,2010,29(s2):3498-3504.

[16] 曹树刚,郭平,李勇,等.瓦斯压力对原煤渗透特性的影响[J].煤炭学报,2010,35(4):595-599.

[17] 黄启翔.瓦斯压力对煤岩材料全应力-应变过程瓦斯渗透特性的影响[J].材料导报:研究篇,2010,24(8):80-83.

[18] 隆清明,赵旭生,牟景珊.孔隙气压对煤层气体渗透性影响的实验研究[J].矿业安全与环保,2008,35(1):10-12.

[19] 袁梅,李波波,许江,等.不同瓦斯压力条件下含瓦斯煤的渗透特性试验研究[J].煤矿安全,2011,42(3):1-4.

[20] 傅雪海,李大华,秦勇,等.煤基质收缩对渗透率影响的实验研究[J].中国矿业大学学报,2002,31(2):129-131.

[21] 付玉,郭肖,贾英,等.煤基质收缩对裂隙渗透率影响的新数学模型[J].天然气工业,2005,25(2):1-3.

[22] 张志刚.含瓦斯煤体渗透规律的实验研究[J].煤矿开采,2011,16(5):15-18.

[23] 杨新乐,张永利.气固耦合作用温度对煤瓦斯渗透率影响规律的实验研究[J].地质力学学报,2008,14(4):374-380.

[24] 王恩元,张力,何学秋,等.煤体瓦斯渗透性的电场响应研究[J].中国矿业大学学报,33(1):62-65.

[25] 王宏图,杜云贵,鲜学福,等.地电场对煤中瓦斯渗流特性的影响[J].重庆大学学报:自然科学版,2000,23(增刊):22-24.

[26] 张福旺,张国枢.矿井瓦斯灾害防控体系[M].徐州:中国矿业大学出版社,2009.

[27] WAGNER J. Compressive strength of coke and gas permeability of coal and semi coke in in-situ gasification conditions[M]. New York:Pergamon Press, 1985:865-868.

[28] PAN ZHEJUN, CONNELL LUKE D, CAMILLERI MICHAEL. Laboratory characterisation of coal reservoir permeability for primary and enhanced coalbed methane recovery[J]. International Journal of Coal Geology, 2010,82(3):252-261.

[29] THOMAS GENTZIS, NATHAN DEISMAN, RICHARD J. Chalaturnyk. Geomechanical properties and permeability of coals from the Foothills and Mountain regions of western Canada[J]. International Journal of Coal Geology, 2007(69):153-164.

[30] SHI J-Q, DURUCAN S. Exponential growth in San Basin Fruitland coal bed permeability with reservoir drawdown-model match new insights[J]. SPE Rocky Mountain Petroleum Technology Conference, 09: 232-246.

[31] HARPALANI S, GUOLIANG CHEN. Influence of gas production induced volumetric strain on permeability of coal[J]. Geotechnical Geological Engineering, 1997,15(4): 303-325.

[32] ST GEORGE J D. The effect of gas pressure changes on the permeability of coal under confining stress[J]. Impact of Human Activity on the Geological Environment-Proceedings of the International Symposium of the International Society for Rock Mechanics, 2005: 573-577.

[33] GUNTHER J. Investigation of the relationship between coal and the gas contained in it[J]. Rev. Ind. Miner., 1965,47 (10): 693.

[34] SIRIWARDANE HEMA, HALJASMAA IGOR, MCLENDON ROBERT, et al. Influence of carbon dioxide on coal permeability determined by pressure transient methods[J]. International Journal of Coal Geology, 2009,77): 109-118.

[35] GUO R, MANNHARDT K, KANTZAS A. Laboratory investigation on the permeability of coal during primary and enhanced Coalbed Methane production [J]. Journal of Canadian Petroleum Technology, 2008,47(10): 27-32.

[36] NAKAJIMA I, UJIHIRA M, YANG Q, et al. Effect of stresses and acoutic emissions on gas permeability of coal[J]. International Conference on Reliability, Production, and Control in Coal Mines, 1991: 249-255.

[37] LIN W, TANG G-Q, KOVSCEK A R. Sorption-induced permeability change of coal during gas-injection processes[J]. SPE Reservoir Evaluation and Engineering, 2008,11(4): 792-802.

[38] HARPALANI SATYA, SCHRAUFNAGEL RICHARD A. Shrinkage of coal matrix with release of gas and its impact on permeability of coal[J]. Fuel, 1990,69(5): 551-556.

[39] MAVOR MATTHEW J, GUNTER WILLIAM D. Secondary porosity and permeability of coal vs. Gas composition and pressure[J]. SPE Annual Technical Conference and Exhibition Proceedings, 2004: 2019-2033.

[40] WU YU, LIU JISHAN, ELSWORTH DEREK, et al. Evolution of coal permeability: Contribution of heterogeneous swelling processes [J]. International Journal of Coal Geology, 2011,88(2): 152-162.

[41] BULAT E A, SH　　NEV V G, GLINYANYI V A, et al. Study of the gas permeability of c　　cted coal charges[J]. Coke and chemistry U. S. S. R., 1987(9): 40-42.

[42] GRYAZNOV　　KOPELIOVICH L V, SUKHORUKOV V I. Analysis of the gas perme　　ty of the coal plastic mass[J]. Coke and chemistry U. S. S. R., 1982(5)　.

[43] 中国矿业学　斯组. 煤和瓦斯突出的防治[M]. 北京:煤炭工业出版社,1979: 27-69.

[44] 焦作矿业　瓦斯地质研究室. 瓦斯地质概论[M]. 北京:煤炭工业出版社,1990: 30-95.

[45] 张子敏.　斯地质学[M]. 徐州:中国矿业大学出版社,2009.

[46] 王恩营　秋朝. 构造煤的研究现状与发展趋势[J]. 河南理工大学学报(自然科学版),　8,27(3):278-281.

[47] 郭德　,韩德馨,张建国. 平顶山矿区构造煤分布规律及成因研究[J]. 煤炭学报, 200　27(3):249-253.

[48] 琚　文,姜波,王桂梁,等. 构造煤结构及储层物性[M]. 徐州:中国矿业大学出版社,2005.

[49]　德勇,韩德磬,冯志亮. 围压下构造煤的孔隙度和渗透率特征实验研究[J]. 煤田地质与勘探,1998,26(4):31-34.

[50　尚显光. 瓦斯放散初速度影响因素实验研究[D]. 焦作:河南理工大学,2011.

[5　郑迎春,宋聪聪. WT-1 型瓦斯放散初速度测定仪的应用[J]. 中国新技术新产品, 2011(17):7.

[52] 潘红宇,李树刚,李志梁,等. 瓦斯放散初速度影响因素实验研究[J]. 煤矿安全, 2013,44(6):15-17.

[53] 陶云奇,许江,彭守建,等. 含瓦斯煤孔隙率和有效应力影响因素试验研究[J]. 岩土力学,2010,31(11):3417-3422.

[54] 李祥春,郭勇义,吴世跃,等. 煤吸附膨胀变形与孔隙率、渗透率关系的分析[J]. 太原理工大学学报,2005,36(3):264-266.

[55] 袁梅,何明华,王珍,等. 含坚固性系数的应力-温度场中瓦斯渗流耦合模型初探[J]. 煤炭技术,2012,31(7):214-216.

[56] 何明华,王珍,袁梅,等. 煤的坚固性系数对瓦斯运移的影响[J]. 煤矿安全,2012, 43(11):5-8.

[57] 梁红侠. 淮南煤田煤的孔隙特征研究[D]. 淮南:安徽理工大学,2011.

[58] 胡雄,梁为,侯厶靖,等. 温度与应力对原煤、型煤渗透特性影响的试验研究[J]. 岩

石力学与工程学报,2012,31(6):1222-1229.

[59] 高魁,刘泽功,刘健.两种含瓦斯煤样的渗透率对比试验[J].煤炭科学技术,
2011,39(8):57-59.

[60] 尹光志,李小双,赵洪宝,等.瓦斯压力对突出煤瓦斯渗流试验研究[J].岩石
力学与工程学报,2009,28(4):697-702.

[61] 胡国忠,王宏图,范晓刚,等.低渗透突出煤的瓦斯渗流规律[J].岩石力学与
工程学报,2009,28(12):2527-2534.

[62] 宫伟东.两种原煤样瓦斯渗透特性与承载应力变化动态关系研究[D].焦
作:河南理工大学,2013.

[63] 魏建平,王登科,位乐.两种典型受载含瓦斯煤样渗透性的对比[J].煤炭学报,
2013,38(4):93-98.

[64] 吕有厂.水力压裂技术在高瓦斯低透气性矿井中的应用[J].重庆大学学报,2010,
33(1):102-105.

[65] 黄启翔,尹光志,姜永东,等.型煤试件在应力场中的瓦斯渗流特性分[J].重庆
大学学报,2008,31(12):1436-1440.

[66] 袁梅,李波波,许江,等.不同瓦斯压力条件下含瓦斯煤的渗透性实验研[J].煤
矿安全,2011,42(3):1-4.

[67] 尹光志,蒋长宝,王维忠,等.不同卸围压速度对含瓦斯煤岩力学和瓦斯渗特性
影响试验研究[J].岩石力学与工程学报,2011,30(1):68-77.

[68] 曹树刚,李勇,郭平,等.型煤与原煤全应力—应变过程渗流特性对比研究[J].岩
石力学与工程学报,2010,29(5):899-906.

[69] 李晓泉,尹光志,蔡波.循环载荷下突出煤样的变形和渗透特性试验研究[J].岩石
力学与工程学报,2010,29(增2):3498-3504.

[70] 冯子军,万志军,赵阳升,等.高温三轴应力下无烟煤、气煤煤体渗透特性的试验研
究[J].岩石力学与工程学报,2010,29(4):689-696.

[71] 孙炳兴,王兆丰,伍厚荣.水力压裂增透技术在瓦斯抽采中的应用[J].煤炭科学技
术,2010,38(11):78-81.

[72] 张国华.本煤层水力压裂致裂机理及裂隙发展过程研究[D].阜新:辽宁工程技术
大学,2004.

[73] 翟成,李贤忠,李全贵.煤层脉动水力压裂卸压增透技术研究与应用[J].煤炭学
报,2011,36(12):1996-2000.

[74] 李晓红,卢义玉,赵瑜,等.高压脉冲水射流提高松软煤层透气性的研究[J].煤炭
学报,2008,33(12):1386-1390.

[75] 姜光杰,孙明闯,付江伟.煤矿井下定向压裂增透消突成套技术研究及应用[J].中

国煤炭,2009(11).

[76] 赵振保.变频脉冲　　　层注水技术研究[J].采矿与安全工程学报,2008,25(4):486-489.

[77] 冷雪峰,唐春安　　鸿,等.岩石水压致裂过程的数值模拟分析[J].东北大学学报(自然科学版　　02,23(11):1104-1107.

[78] 姜文忠,张春　　勇,等.水压致裂作用对岩石渗透率影响数值模拟[J].辽宁工程技术大学学　　自然科学版),2009,28(5):693-696.

[79] 刘明举,何　　煤层透气性系数的优化计算方法[J].煤炭学报,2004,29(1):74-77.

[80] 陶云奇,　程明俊,等.含瓦斯煤渗流率理论分析与试验研究[J].岩石力学与工程学报　　009,28(增2):3363-3370.

[81] 俞奇香　井灾害防治理论与技术[M].徐州:中国矿业大学出版社,2008:20-21.

[82] 隆清明　旭生,牟景珊.孔隙气压对煤层气体渗透性影响的实验研究[J].矿业安全与　　,2008,35(1):10-12.

[83] 袁梅　波波,许江,等.不同瓦斯压力条件下含瓦斯煤的渗透特性试验研究[J].煤　安全,2011,42(3):1-4.

[84] 闫岭.区域瓦斯抽放技术在立井施工防突中的应用[J].煤炭科学技术,2010,38( ):50-53.

[85] 　正茂,尹兴科,石洪兵.新集二矿1306工作面瓦斯治理与防灭火关系[J].煤矿安全,2007(11):65-67.

[86] 曹树刚,李勇,郭平,等.型煤与原煤全应力-应变过程渗流特性对比研究[J].岩石力学与工程学报,2010,29(5):899-906.

[87] 冯西桥,余寿文.准脆性材料细观损伤力学[M].北京:高等教育出版社,2002.

[88] COMSOL Multiphysics User's Guide, Version4.2a[R].[s.l.]:[s.n.],2005.

[89] COMSOL Multiphysics Modeling Guide, Version4.2a[R].[s.l.]:[s.n.],2005.